黑色潛規則

職場暗流

楊惠中 著

推薦序

成為「大人」後可能遇到的暗與光

林書煒／POP Radio台長、主持人

惠中兄的專長是法律與公共衛生，自學生時代就經常透過文字與自身行動來關懷社會與倡議各種人權議題！恭喜惠中兄出版了第一本著作，因為長期擔任企業集團的高階專業經理人，他把職場中遇到的各式各樣角色與試煉透過一篇篇的故事與我們分享！所謂的「都市傳奇」、「職場怪談」、「完美人設現形記」透過惠中兄的筆下更顯活靈活現，這不就是我們在成為「大人」後可能遇到的暗與光嗎？

我們常常在遇到一些顛覆三觀的人、事、物時會發出「不應該是這樣！」的怒吼，也因為江湖行走，常遇險惡，會讓我們自己更清晰的知道自己要成為什麼樣的人，想成就什麼樣的事情；我們會越來越懂得人世間的權衡與現實，然後相信自己，路都不會白走！

如果你也跟我一樣閱讀了惠中兄的這本真摯著作，那表示我們就有機會與更好的自己相遇！表示我們即將擁有一顆向內覺察自己的心；擁有一顆向外同理他人且更柔軟的心！

祝福每一位朋友！

推薦序

直白剖析職場惡鬼現形

張齡予／三立新聞台《台灣大頭條》當家主播

不管你認不認識作者惠中，我都建議你買下這本書，送人自用兩相宜，買多送多積功德，因信得救。

惠中嘔心瀝血的這本書，肯定是我閱讀多年來，少見如此真誠、直白剖析職場的「惡鬼現形錄」。更有啟發性的是惠中不愧他嫉惡如仇的性格，以法律人的機鋒語法跟嚴謹邏輯，附上了「反擊攻略」的「獨家密技」，保證能讓讀者的善良憨厚，從此多些鋒芒。

進入正文前，如何「服用」這本書？惠中的自序是建議大家把全書當作「鬼故事」散文來看，我個人從翻開第一篇章就停不下來，一口氣看完後大吐一口氣大表贊同！這還真是一本現代鬼故事全集！我一度看到嘴巴不自覺打開，更曾難掩好奇心的好想問問惠中，那些恐怖的真人實事到底是誰？但我相信惠中本意並非「撻伐」，而是希望這些特殊人事物得以警世。

每一篇關鍵人物都被刻意使用了化名，但荒謬劇情還是讓人學到道理，你／妳能輕易對應到現實人生、職場。我們或多或少會遇到類似的人（當然可能沒那麼極端），但落入這樣的人際陷阱、情緒勒索等困境而不知如何脫離的你／妳，惠中讓你／妳提高警覺、指引明燈。

惠中的特殊職場經歷，見證了人生真的與灑狗血的連續劇有八七分像，確實有本寫著「不能說的名字」的「小本本」，也提醒大家「害人之心不可有」，而「防人之心」，永遠不可無。

我與惠中因為做公益而有了連結，我們因致力保障藥癮者、愛滋感染者權益的「台灣露德協會」有了交集。身為人權、法律前輩的惠中，只看外表是嚴肅正經的，但攤開他的文字，倒是有大反差的親切：不避諱的國罵、有時有點「大媽」的碎碎念小劇場、致力「幹譙」看不慣的人事物，但又不失法律人細膩謹慎的剖析，高段不失優雅的「懟」回去，肯定讓人看了解氣！

而對於掙扎在職場上的人們，一場場奇葩的人生群像，我們透過惠中的思路爬梳出心理準備：若有一天，換作是我遇到這種讓人傻眼到笑哭的人事物，或許我們也可以學習惠中的聰慧迎戰。

我也想推薦給職場小白們，這是一本包裝在職場分享中的生活法律書，這是不管你幾歲都該知道的社會內幕。聽惠中這樣既時髦又老派的「非典型法律人」，細細道來他比一般人更誇張萬倍的職場「奇聞」，寓教於樂的學習活在「人心不古」的現在，安然處世的法則，伴隨幽默荒謬內容，無痛閱讀CP值極高！

而惠中多年來努力實踐於生活中的「人權」，也得以透過書寫展現：我們應意識到自己該對社會負起責任，每一分努力都能讓世界鬆一口氣，這樣的努力無分大小、階級、卑尊，只要我們盡力一點點的減少生活中的不公，就是實踐。

推薦序

我讀了一場豐富又精彩的人生歷練

孫友聯／台灣勞工陣線祕書長

這是一本小說嗎？在收到惠中捎來熱騰騰的新書初稿，快速翻閱後直覺上的第一反應。文字如跳動的音符，故事鋪陳細膩又生動，極盡日常又不失清晰的輪廓，真實得畫面感十足的讓人會心一笑，在字裡行間感受人與人之間最真實的互動關係。

這是一本關於法律白話的讀本嗎？以惠中同時具有法律和公共衛生專業的底蘊，以及長期投入各項反歧視、人權促進和公益活動的人生歷練，形塑成一種敏銳又獨特的文字敘事風格。總可以在故事中輕易發現惠中的社會關懷，但在描繪某些涉及法律問題的情境時，卻不會給人生澀難懂的負擔，讀起來反而像是觀看一部節奏輕快的影集。這樣的感覺，似乎完全符合惠中給人那「甜甜的流氓」的印象與特質，那種想說什麼就說什麼、不加掩飾的痛快，肯定可以讓讀者有暢快淋漓的感受。

這應該是惠中多年來在商業部門擔任企業經理人，同時又積極投身於各項社會運動，以及長期在各報章媒體投書累積的功力吧！然而，讓我感觸很深的是書中所提及的基層勞工處境，雖然只是故事中的一個小插曲，但卻貼近真實的刻劃底層勞工的遭遇。例如，惠中毫不掩飾的表達對於所謂「CP值」的反感，認為社會過度追求這個消費的性價比，最終成為勞工被壓榨的主要原因。這恰好與我多年投入勞工運動經營處理的勞資爭議相符，尤其是對於廣大服務業的勞工，無疑在這個社會莫名追求的價值下，權益和生活品質一點一滴的被侵蝕。而同樣也關注勞動權益的惠中，大概也是想要藉以提醒企業經營者或經理人，確實的法遵才是正確的經營之道。

這本書，以豐富的人生歷練為基底，在生活化的敘事中，帶給讀者無盡的啟發。

推薦序

發現他人藏在面具底下的真實人性

黃致凱／故事工廠藝術總監、導演

英國著名的劇作家、詩人王爾德曾說：「只有膚淺的人，才不會以貌取人。」（It is only shallow people who do not judge by appearances.）剛開始讀到這句話，我以為是翻譯錯了，不然就是原文有漏字，後來才慢慢體會這句話的意思。「以貌取人」在中文的語境中，偏向負面的意思，但王爾德指的是每個人的外在，都散發出許多訊息，讓人足以依此去判斷他（她）的性格、人品、氣質、價值觀、背景，有點類似華人所謂的「相由心生」吧。

惠中是個很有意思的人，他的工作是幫助別人找回外表的自信和愉悅的心情，但他這本書卻揭下許多人的偽善面具，這些奇人異事可說是讓人瞠目結舌，光怪陸離的精彩程度，讓我這個以編劇為職業的人，自嘆弗如。我想，或許是惠中在社會上的豐富歷練，還有在醫療／法律專業上的敏銳，讓他除了會閱讀別人的外表，也能從細節中，發現他人藏在面具底下的真實人性。如同王爾德的那句名言，「以貌取人」其實是一種察言觀色的智慧，我相信讀者們，一定能跟著惠中生動的筆觸，宛如看了一幅幅的眾生相，從這些臉孔背後的社會故事，學會保護自己，喚醒心中善的良知與謙虛的處世修養。

目次

推薦序

自序

隱惡揚善

「我也想起曾經遇過鬼。」這是所有推薦人閱讀後給我的第一句話。電影或小說的結局總是讓我們鬆一口氣，皆大歡喜；現實往往讓我們虐心，往往比電影／八點檔連續劇還要殘忍、誇張、匪夷所思、鬼影幢幢、毛骨悚然！

有幸自學生時就在主流報紙寫醫療法律專欄，至今已發表四百餘篇社論、學術論文，散見於各大報章雜誌、學術期刊，主要都是法律、傳染病／愛滋病相關的文章。廣義來說，很早就是作家了吧？（心虛）

這是第一本談我自己的書，由我親自撰文。你可以將這本書當作小說，妳也可以將這本書當作散文閱讀；表面像是八卦書，我個人認為根本該歸類為驚悚靈異懸疑的「鬼故事」。

「鬼故事」也常有充滿智慧的警惕意義、勸世語錄。

這本書是我個人真實經歷記載，感觸良多，反省更多。避免造成當事人困擾，部分人名以化名呈現，性別或職稱可能稍作錯置，避免對號入座。另由於篇幅有限，無法一一詳載所有事件與對話紀錄。為方便交代過程，偷學了好朋友「故事工廠」黃致凱導演的戲劇轉場敘事技巧，稍作改編，以利閱讀。藝術文化具有安定人心的力量，請大家多多支持「故事工廠」的作品及所有妳／你不排斥的藝術文化。

隱惡揚善，也是我寫這本書的目的之一。

特別說明，時報文化並非旺旺中時媒體集團成員。一九九六年，時報文化首度承辦台北國際書展，台灣第一次由民間承辦書展的紀錄。一九九九年，時報文化股票在中華民國證券櫃檯買賣中心上櫃，成為華文世界第一家股票上櫃的出版社；不是我這本書提到某董事長一再膨風那種根本不知哪來的出版社。

謝謝時報文化看得起我。

請大家多多支持實體書，實體書沒有藍光螢幕傷你／妳的眼睛，還能保存紀念，事隔多時再度翻閱，總有不同的感觸。我們只花費一頓餐（甚至不用）的費用，抽空閱讀，就能將作者花了大半輩子的人生體悟，遭遇了生不如死、死裡逃生、傷心破財、失身學到教訓才有的生命故事，透過文字整理出的智慧精髓，迅速成為自己的智慧。

有什麼比閱讀更好的投資？承認吧！還不再多買幾本（我的）書！

這本書各章節可獨立篇章閱讀，但仍建議依排版次序聽我說故事。因部分人／角色跨篇章出現，出場人物有其時間性。每一故事後皆有「職場碎碎念」的心裡主觀感觸、反省及觀察視角，這部分不建議獨立閱讀，因缺乏故事背景，不知所云。

友人吳鏡瑜律師曾分享服兵役時長官的一段話：「對所有人謙虛，是種安全。」這段話讓我深刻放在心上，因為世界真的有夠小，到哪都遇得到。「碎碎念」也是我希望分享不同職場皆可發揮社會責任／影響力，我們進入社會仍可以對社會弱勢表達關心或幫忙發聲。

做善事，也不該是他／她們的事。

非常喜歡中國導演季業的一段話：「如果天總也不亮，那就摸黑過生活；如果發出聲音是危險的，那就保持沉默；如果自覺無力發光的，那就別去照亮別人。但是——但是，不要習慣了黑暗就為黑暗辯護；不要為自己的苟且而得意洋洋；不要嘲諷那些比自己更勇敢更有熱量的人們。可以卑微如塵土，不可扭曲如蛆蟲。」

我若能說人間和天使的語言；但若沒有愛，我就成了發聲的鑼、發響的鈸。

我期許自己：「要替不能說話的人發言，維護孤苦無助者的權益。要替她／他們辯護，按正義判斷她／他們，為窮困缺乏的人伸冤。」（箴言卅一：八—九）

謝謝聽我說話、閱讀我的文字。人權就是成全別人的事！我有沒有被看見，不重要；但願我所關心的人／議題，被看見。

All I can say it my job is definitely NOT boring!

二〇二一年十二月十日（世界人權日）於辦公室

一、女歌手的空頭支票

認識我的人都知道，這幾年我常出現在不同的廣播電台錄音，甚至頻繁到常被誤認為有主持節目。確實本來就有一些是工作上或專業上接受訪談、議題發聲。但這當中其實有個……故事。

會認識某位形象超級好，可用零負評形容的創作型女歌手，兩次都是「陳姐」介紹我們認識。

只是第一次是陳節如（陳姐）：身心障礙者權益推動人士，台灣社會福利界知名人士，曾代表民主進步黨出任第七、八屆立法委員，連續兩次領銜、擔任民主進步黨全國不分區立委名單第一名。

第二次是陳莉茵（陳姐）：罕見疾病基金會創辦人，次子秉憲是台灣第一例確診的高血氨症患者。當年台灣無法找出病因，也沒有藥可醫治，為此陳姐借錢攜子赴美國治療，藥費昂貴（一年至少二百萬元新台幣），因此兼職工作賣房籌措，遂在一九九九年創辦罕見疾病基金會。

兩次都是「陳姐」在病友團體的公益音樂會／募款晚會的後台介紹我們認識所有參與的歌手、藝人。這些歌手、藝人常常是義務表演，甚至拋磚引玉捐出款項共襄盛舉，每次都讓音樂會營造成大家相擁而泣，更堅定支持我們身邊乃至於不曾見過面的罕見疾病病友或身心障礙者。

由於公益音樂會最重要的目的就是募款，邀集企業界、藥學界（特別是國際藥廠）、媒體朋友、政治人物／民意代表，以及ＮＧＯ（非政府組織）夥伴共同參與。我常年來為病患權益發聲，同時仍是ＮＧＯ工作者（台灣露德協會理事，法律政策），非常榮幸每年受邀參與公益音樂會／募款晚會，盡我們能夠貢獻的影響力、提供可合作的管道、影響立法委員修訂更友善的法案，更開心是見到志同道合的老朋友。

我習慣在手機收聽廣播電台。某一天早上剛到辦公室，正準備閱讀會議資料，廣播中的美麗主持人，曾任電視台新聞主播，亦是我非常敬重的媒體前輩，為人大方容易親近，典型的射手座。

廣播中正在訪談我兩次在公益音樂會／募款晚會中認識的某位形象超級好的創作型女歌手。果然，這次創作型女歌手一樣熱心公益，創作了幾首歌，也拍好了MV，為了幫助某偏鄉的宗教組織醫院募款。

聊著聊著，廣播中的美麗主持人突然在空中點名我是否可以幫個忙拋磚引玉。正準備閱讀會議資料的我驚了一下，遂直接Line訊息聯繫該廣播電台的工作人員，表示我個人或生醫集團捐款，這沒有問題。後直接Call in到節目中現聲，表達我一直有用手機收聽廣播電台的習慣，還好不是在講我壞話。聽到節目現場的那頭，美麗的主持人與創作型女歌手喜極而泣，由於我待會要開會，無法多聊，簡單表達了我有更多幫助某偏鄉的宗教組織醫院募款的想法，或許可以到我辦公室進一步聊聊。

創作型女歌手表示非常樂意，就約個時間正式研議。

在辦公室見到創作型女歌手，其實不陌生，因為已兩次在公益音樂會／募款晚會的後台認識，雖然前兩次都是在人群的喧嘩中致意。

提到「陳姐」，我們的關係就不用解釋了。

見面當天除了創作型女歌手，還有娛樂經紀公司的工作人員，聊一聊發現是我前教會同一小組的姐妹，同樣是教會／梅珺姐帶領的小組，世界真的有夠小，真不能做壞事。

另一位來到我辦公室也覺得非常眼熟，後來得知是某女子二重唱團體的其中一位，原來這位也是我前教會的姐妹，發過幾張個人專輯，現為音樂製作人。

坦白說，我個人對這所教會標榜、強調「成功神學」（Theology of Prosperity）非常不以為然，我認為神是關切老弱殘病的神，而不是只會以財富、健康與幸福來回報對祂的信心的神，所以我離開那間教會。

原本已將前述人名及團體名打字出來，想一想擔心整件事被串聯、肉搜，還是模糊一點好。

但這一天不是來談信仰，由於要幫助某偏鄉的醫院也是宗教組織，我開口問：「創作型女歌手也是姐妹（基督徒）嗎？」

創作型女歌手：「不是喔，我剛找到師父學佛，還在學習中；不過我很喜歡她們兩位（指）喔，呵呵！」

我：「對啊，宗教都是勸人為善，我最喜歡跟『非基督徒』來往了，成天只認識基督徒的弟兄姐妹有什麼意思！（指）她們教會的牧師最常叫姐妹們不要一直待在教會，要找男人就要到教會外面，而不是裡面，是不是？」

娛樂經紀公司姐妹：「是啊是啊，牧師幾乎每個禮拜都這樣講。」

我：「呵呵，世界好小！來吧，我們來討論正事吧。」

前女子二重唱團體姐妹：「由於創作型女歌手為偏鄉醫院寫了幾首歌，也拍好了ＭＶ，這樣讓大眾有更多機會看見偏鄉醫院的需要。」

我：「就我個人認為，台灣沒有所謂的『偏鄉』；我們『不願去的地方』，才是偏鄉。就我長期在NGO工作，募款需要策略，我認同要營造更多機會讓大眾看見偏鄉醫院的需要，這件事確實非常非常重要。不然民眾只是捐了錢，這樣對受贈單位長期的發展也不好，困境仍舊會再發生，這是我的實際觀察與經驗。」

創作型女歌手：「那建議我們怎麼做呢？我們都是音樂人，娛樂圈不擅長募款，但對於宣傳很有經驗。」

我：「沒錯！我就是想借重各位在媒體的影響力，加上形象超級好而且零負評的創作型女歌手為公益發聲，這件善事一定能引起社會的共鳴，或許也能夠喚起更多公眾人物參與，我們很榮幸能夠抛磚引玉、樂觀其成。」

總之，我以具體幫助某偏鄉的宗教組織醫院的募款策略向她們在場幾位說明，創作型女歌手當場也覺得非常有意義。

我的策略是：「我個人或其他個別民眾捐款，只是單次的付出與感動，這樣對受贈單位長期的發展也不好。由於創作型女歌手是知名音樂人，為公益發『聲』一起瞭解某偏鄉的宗教組織醫院的困境，這樣發『聲』的頻率越高，就能讓更多民眾聽見（甚至引發其他媒體進一步報導、政府部門改善交通問題、制度障礙等問題），進而影響民眾關注更多偏鄉醫院問題、原住民權益問題、生態議題、資源分配正義、醫療人力不均、醫療設備採購及維修障礙等諸多問題。避免參與捐款只是單次的支持，不甚夠力也無法瞭解全面困境，非常可惜。藉由我現在身為企業經理人，遊說一大型企業主的一次捐款贊助，可能可抵十萬人次一般民眾的小額捐款，這也是我長期在ＮＧＯ工作以及『陳姐』們教導我們的事——募款需要的策略。所以我計畫由我個人捐助四十萬元，投放預算在各大廣播電台：『HitFM聯播網／台北之音、POP Radio聯播網／台北流行廣播電台、中國廣播電台、好事聯播網／好事989電台、港都廣播電台、Kiss Radio、飛碟聯播網等』，從南到北密集放送某偏鄉的宗教組織醫院的需要，並曝光募款專線。我個人捐助有個目的是：『我們都該拋棄個人的刻板印象及視野，營造友善的職場／社會環境，不該只有一人努力。』光，不該放在桌子底下，應該讓更多人看見，讓更多人能夠一起為社會做更多修補，集結更多力量做善事。」

既然我個人捐助投放預算在各大廣播電台，就需要借重創作型女歌手在公眾媒體的影響力，借力使力。由創作型女歌手親口錄製該偏鄉的宗教組織醫院究竟發生了什麼事，背景音樂可以是創作型女歌手為偏鄉醫院寫的這幾首歌，最後並曝光募款或支持專線，大約卅秒至一分鐘的公益廣告，密集在各大廣播電台曝光，期待能夠拋磚引玉，引起各界重視。

創作型女歌手表示這是很好的做法，從沒想過這背後有這樣的意義，我們四位遂成立Line群組，方便後續討論及配合。

大家一起做善事的感覺，實在讓人振奮！

隨後幾天，我聯絡上各大廣播電台的窗口，說明這卅秒至一分鐘公益廣告的規劃想法，讓工作人員也很感動，幾乎所有我個人贊助投放的廣播電台都願意增加曝光則數，希望能夠藉此貢獻一些心力，讓更多人聽見、參與。

果然做好事不寂寞，我也迅速在我們四位Line群組報告這個好消息。創作型女歌手表示近期有原先敲定的音樂要錄製，為公益發「聲」時間上仍未定，請我先跟各大廣播電台處理前置作業，她錄製發「聲」很有經驗，很快可以完成作品。

我也突然意識到錄「音」是創作型女歌手的專長，遂安排多錄製幾則卅秒至一分鐘的公益廣告版本依檔期露出，免得民眾的感動彈性疲乏，各大廣播電台的工作人員表示可以配合。

一個月過去了，創作型女歌手回應有敲定多場的表演仍持續進行，非常抱歉還不能為公益發「聲」。由於各大廣播電台的工作人員需要敲定錄音室及安排錄音師；甚至建議錄音師就直接到創作型女歌手公司的錄音室收音，她錄製發「聲」是本行，很有經驗，幾則卅秒至一分鐘的公益廣告應該很快就可以錄製完成，後續後製創作型女歌手為偏鄉醫院寫的歌曲作為背景音樂，這各大廣播電台表示可以處理。

又一個月過去了，我在我們四位Line群組詢問有沒有大約十至十五分鐘的空檔，各大廣播電台會將派記者或錄音師直接到創作型女歌手所在之處收音（車上也可以），後續後製消除雜音沒有問題。娛樂經紀公司姐妹回應需要與該偏鄉的宗教組織醫院確認是否可以這樣進行？畢竟宗教組織有宗教形象的問題；醫院那邊是否可以接受這麼高調？當地民眾怎麼看待這件事？況且創作型女歌手對聲音要求完美，不可能這麼粗糙錄製收音，請各大廣播電台同仁諒解。

突然覺得，我很魯莽。但又瞬間回過神，光豈可只放在桌子底下？不就應該讓更多人看見嗎？創作型女歌手身為公眾人物，想必非常忙碌。

又一個月過去了，幾家廣播電台印好了宣傳創作型女歌手幫助該偏鄉的宗教組織醫院募款的公益海報，陸續找我請款。正當我要詢問創作型女歌手是否有時間發「聲」了嗎？創作型女歌手她本人即退出我們四位Line群組。我不知道發生了什麼事？遂詢問仍在Line群組的兩位姐妹。一詢問後，前女子二重唱團體的姐妹也退出Line群組。

我一頭霧水，現只能與娛樂經紀公司姐妹對話，詢問究竟發生了什麼事？娛樂經紀公司姐妹Line說：「你要捐錢給醫院，就直接捐就好了。」

我Line回應：「欸，我個人捐助投放預算已經在各大廣播電台了啊！請創作型女歌手為公益發『聲』，這也不是曝光我個人。」

娛樂經紀公司姐妹Line說：「唉呀，你這個人怎麼這麼單純啊！」

我Line回應：「？？？」

娛樂經紀公司姐妹Line說：「我們就只是想宣傳創作歌曲啊，你這個人幹嘛這麼認真！」

我Line回應：「啊？可是那時候Call in到節目，我說我有更多幫助該偏鄉的宗教組織醫院募款的想法，美麗的主持人與創作型女歌手喜極而泣，後來還到我辦公室討論策略，這……不是我們要一起拋磚引玉做善事嗎？」

娛樂經紀公司姐妹Line說：「當時就在廣播電台的Live現場啊，配合主持人哭而已……，你就直接捐錢給醫院就好啦。」（退出Line群組）

天啊！怎麼這些人都這麼沒禮貌啊？都不能好好溝通嗎？我依序撥打Line電話給創作型女歌手、娛樂經紀公司姐妹、前女子二重唱團體的姐妹，發現都無法通話，顯示皆被對方封鎖！

當下我氣到發抖！根本是場騙局！不想一起做善事可以直接講，怎麼有這麼偽善的一群人啊！還找師父學佛咧！還前教會的姐妹咧！更加深我對標榜、強調「成功神學」的教會不以為然！

後來一一通知各大廣播電台的工作人員，不用安排創作型女歌手錄音等後續後製及排程曝光事了。工作人員聽聞都覺得不太對勁，試探詢問我究竟發生什麼事？我不想說，因為過程太不可思議。

那已投放預算在各大廣播電台，該怎麼辦？我後來就在各大廣播電台自己錄製公益廣告、訪談節目中聊聊我關心的議題、邀請友好ＮＧＯ一起發「聲」，因此頻繁到常被誤認為有主持廣播電台節目。

簡單說，這是被拋棄後的結果。台灣很小，相拄會著（台語：走著瞧、相遇得到）。

職場碎碎念：保持距離才能顯得美好

我其實有點納悶，她們幾位不擔心我將Line群組曝光？目前這群組我還保留著，退出Line群組不代表對話訊息不在，只要有一人還留下來，對話紀錄就都還在。

我對人性最大的誤會，就是以為只要是人，都會有點人性和良心。利益面前見人心，提醒自己千萬別高估了人品，卻低估了人性。

人生就像走夜路，往往是一人暗中摸索；也常常在暗處看清了很多人，卻基於圈子很小，不能隨意拆穿。

夜路走多了，不知道會遇見誰？夜路走久了，突然覺得討厭很多人，卻不能輕易翻臉，好累。因為我走下坡的時候可能會遇到你，妳走上坡的時候可能會遇見我。

圈子真的有夠小，轉來轉去都會直接／間接相遇得到，只好逼自己逆來順受，見招拆招。被創作型女歌手拋棄後的結果，認識了不少各大廣播電台的好朋友，這也是另一種意外收穫！

不爽的時候可以退Line群組，誰知道以後還會不會遇到？

圈子真的有夠小，我被創作型女歌手拋棄的這件事，一位資深的平面記者詢問我怎麼回事？我本來不打算透露，但這位記者前輩轉答兩位「陳姐」的關心，兩位「陳姐」代表的不是兩個病友團體，而是所有NGO／NPO團體（NPO，非營利組織）的公益活動，都需要留意這樣的事。「陳姐」表達不管有任何困難，說好的事後來避不見面甚至封鎖人，這種惡劣的行為，實在有違公益團體的互助精神。

「我們就祝福她，不用因為她而影響我們關心弱勢。志同道合的人還是很多，我們更要珍惜互相扶持的同溫層。我的青春犧牲了，但慶幸有更多人的青春得到陪伴。」這位記者前輩說。

所謂的「零負評藝人」、「形象超級好的女歌手」、「完美情人」這類對人的形容，不過就是被過度美化的形象包裝。

為什麼像創作型女歌手這樣的人也會這麼現實、自私、沒禮貌？

若有這樣的驚訝反應，其實都是我們本身過度美化了這個人。

的確，創作型女歌手有著還算良好的公眾形象，多次入圍不同獎項，有著特定光環加持，這些都形成了創作型女歌手的資本或者資源。此外，創作作為一種高度，音樂家作為一個受人喜愛與景仰的身分，這使得大部分的人容易將人「神化」。

因為當這個人出現在舞台上或是螢光幕前，這種距離美感，總覺得這個人不是凡人，還能勾引我們的靈魂。

當創作型女歌手在舞台上或是螢幕前是公眾人物，的確不會做出太出格的事情；而當她離開聚光燈回歸如我們一般生活時，她有可能做出很出格、極為匪夷所思的事情。甚至事實證明，公眾人物一樣會口是心非、會犯錯。她與一般人一樣，甚至比普通人犯錯的機率還會更高一些。

所以有人說：「藝人，就是異於常人。」犯錯也會挑戰人類極限。

當公眾人物成為我們Line群組的一員，這種距離美感回歸真實，正經事瞬間讓勾出的靈魂回到人世間。稿件何時交？敲定節目時間請記好，說好了一起發「聲」要做到。因為Line群組對話紀錄讓我們平起平坐，也難怪部分公眾人物極為低俗、不堪入目甚至下流的對話公諸於世之後，才會讓人驚覺這個人怎麼跟我們一樣會說出這樣的話、會做這樣的事，一樣有七情六慾、逃不過生死。

「七情：喜怒哀懼愛惡慾。六慾：生死耳目口鼻。」指一般人的喜、怒、哀、樂和嗜慾。

等等！創作型女歌手也有七情六慾？是的，你／妳想過的邪念、骯髒事，公眾人物也會有這動機，甚至親身經歷、身體力行。

曾聽過我很敬重的媒體人蔡詩萍大哥分享一段話：「很多人都知道我曾經在馬英九參選總統候選人的時候，擔任馬英九競選總部的發言人。後來更多人問我為什麼沒有走上政治這條路？因為距離總是顯得美好，但當靠得太近，就會發現處處是問題，怎麼看都是缺點，還是做自己想做的事就好。」這樣的體驗，我非常非常有感觸。

其實都是我們本身過度美化了公眾人物。

何不將她們幾位的Line群組曝光？

我個人是非常反對將私下的對話截圖給第三人，更遑論公開予公眾媒體，這樣破壞信任的關係，無助友誼／親情。我個人就曾是這樣的受害者，更清楚知道不該這麼做。這種沒頭沒尾、斷章取義的對話截圖讓人疲於解釋，不知情卻又沒腦袋進一步求證的人，就會成為謠言的加工者。

Line群組曝光反而造成轉手加工，搞不好傷到的人會是我。既然我避免自己受傷，也該預防傷及任何無辜，這當然包含Line群組的所有人。

娛樂新聞不就娛樂大眾，何必這麼認真？所有的玩笑都有認真的成分，總有人當真了。開不起玩笑不是我們的錯，不是每件事情都可以被開玩笑。當尊重被打破，再多的效果也只是難過。

有些人為了要謀取媒體版面，不惜製造新聞。何況刻意將Line群組對話訊息留下，會不會就是種「媒體操作」，供人煽風點火？（在政治上就叫作「政治操作」）我們為什麼要陪著興風作浪？我們還是做自己想做的事就好。

創作型女歌手確實有她的社會地位及貢獻，我也很喜歡她的作品，只是這次我靠得太近了。謝謝創作型女歌手拋棄我，讓我有更多機會為我關心的議題在各大廣播電台發「聲」！

上帝的作為果然是我們預想不到。

二、女模特兒的自作自受

許多人常好奇問我，為什麼我需要跟模特兒接觸？為什麼認識這麼多職業攝影師？為什麼需要到專業攝影棚？為何可以受邀參觀時裝秀？也常有人好奇問我為何衣服這麼多？由於父親在品牌成衣界服務（已退休），我九成以上的衣服都是父親或廠商提供；除了公益、紀念品、特定活動，我自己幾乎不買衣服。這樣的好處是省下不少錢，不過缺點是沒得挑選，而且很多是NG品，資源再利用的概念，畢竟丟掉很可惜。

對於成衣產業鏈不但不陌生，甚至可以稱非常熟悉。我在寒暑假或任何放假的時候，常常就出現在父親的成衣廠裡，協助熨燙衣領（超級大機具）或剪線頭這種不需花費腦筋的事。

沒錯，這就是我的工作之一，甚至常常要充當「秀導」。

「秀導」可以說是整個舞台或拍攝過程的隱形指揮官（導演），一場專業攝影、服裝秀的呈現，不光只是模特兒們自信肢體展示或營造特定示意圖，還包含了幕後秀導的工作。而秀導的工作內容還包括前置作業規劃、與職業攝影師溝通想法、訓練示範、試鏡挑選模特兒、督促模特兒做到產品或節慶氣氛的形象，以及品牌的企劃發想、時間控制；甚至是控制整場秀或攝影的流程、進度、舞台燈光、調整衣飾、音樂的配合，前置及中場作業繁複多變，常常時間控制不佳會增加拍攝成本，模特兒該留的髮型或鬍型沒按腳本預先長好設定的樣子，增加化妝師或美髮師弄造型的時間及成本……，有的沒的一堆事。一人身兼多職，讓這位藏鏡人最常是整場秀或攝影棚中脾氣最差的一位。

最簡單辨識誰是整場秀或攝影棚中的「秀導」，一直罵人那位就是了。

時間一分一秒都要花錢，看到模特兒該上場卻還在玩電動，你氣不氣？

攝影師怎麼拍都喬不到你要的視角，妳要不要自己動手調？

男模特兒昨晚跟朋友喝酒喝太晚，今天身上還長疹子，你是要關心他的健康還是要問候他母親？女模特兒臨時有事不能來，你是要自己上場拍攝還是臨時抓一位工作人員試試？模特兒忘記穿搭今天最重要拍攝的服飾，再回去拿還是臨場反應換劇本？時間又一分一秒噴錢卻沒達到原本討論的樣子。

我個人就曾經拍攝需要留大鬍子造型，但拍攝當天早上洗澡時迷迷糊糊覺得鬍鬚很礙手礙腳，就拿起刮鬍刀一刮，「啊！」大叫一聲，該死！來到攝影棚跟秀導、化妝師說對不起，化妝師說：「沒關係啊，我幫你種回去，就用假睫毛種啊！（不耐煩）」花費加倍時間，整個化妝過程餘光看見秀導跟化妝師一直腦上有火。

企業經理人的工作跟「秀導」非常類似，就是給自己找一堆麻煩，有功無賞，弄破要賠！

認識《大學生了沒》的草莓（化名）是在一間商業代言拍攝攝影棚。一家知名的生技公司（現在已是上市上櫃的大公司）找我拍攝健康食品形象代言廣告，在我還很苗條的那時候。

這健康食品形象代言廣告就出現在連鎖藥妝品牌的大看板或牆柱，我到現在偶爾還會撞見，每次看到都面紅耳赤快快走過。

其實都已經變形成判若兩人，有什麼好心驚膽戰？

電視節目《大學生了沒》專為大學生族群量身訂做，每集邀請十六位來自不同大學、不同學系的學生上來接受不同問題的考驗。《大學生了沒》紅極一時，捧紅了不少在學大學生，草莓就是其中一位。

草莓代表了青春窈窕淑女，健康食品形象提醒女性應該從年輕就好好為身體打底。我代表了廣大的上班族，事業、人際關係、人生位置都變得複雜，健康食品形象著重控制身形，有利拓展更高的位子。

我們在那天商業代言拍攝攝影棚有了一些互動，覺得草莓蠻適合拍攝我們醫美診所品牌的「圖庫」。

由於所有照片，特別是經過專業攝影師、專業攝影棚拍攝的照片，都有智慧財產權／版權的問題，倘涉《著作權法》擅自以「重製」之方法侵害他人之著作財產權者，處三年以下有期徒刑、拘役，或科或併科新臺幣七十五萬元以下罰金。意圖「銷售或出租而擅自以重製」之方法侵害他人之著作財產權者，處六月以上五年以下有期徒刑，得併科新臺幣廿萬元以上二百萬元以下罰金。以「重製於光碟」之方法犯前項之罪者，處六月以上五年以下有期徒刑，得併科新臺幣五十萬元以上五百萬元以下罰金。

所以一般公司或任何需要採用別人專業攝影作品，幾乎都會向正派經營的圖庫公司，花費大把鈔票購買正版圖片，這不僅只是為了找到畫面清楚又細緻的圖片，最重要是避免觸犯法律，畢竟此罪還不輕。

但市面上合法／正版的醫療示意圖片不多，可能是環境設備、器械、儀器等不易取得，加上不同療程又需要不同的醫療流程，對於專業攝影師來說拍攝成本過高，也過於繁瑣，乾脆直接放棄這類「圖庫」。

由於我們家是醫療產業，既然想花錢都買不到合法／正版的醫療示意圖片，就我本身也絕不容許同仁偷渡下載使用非法圖片，故我們常請職業攝影師協助布置專業攝影棚，或者直接到我們醫療院所現場拍攝「圖庫」，以利後續合法使用。

尊重智慧財產權、鼓勵創作，需要從你我做起。

由於草莓還是在學大學生，確實嚮往模特兒圈發展，非常有興趣拍攝我們家的品牌「圖庫」／醫療示意圖片。當下我也直接試鏡挑選模特兒，草莓就是其中一位Model，並跟現場攝影師溝通、確認，也訂下同一專業攝影棚，準備拍攝「圖庫」照片及影片，非常令人期待。

「燈光開、音樂下，草莓，準．備．好，走！」草莓的自信步伐跟著節奏，成為全場的焦點，全場屏氣凝神地專注於台上的草莓、模擬醫護人員Models及快速變化的醫療流程，幕後更多更多不在鏡頭內的工作人員傳遞著道具、調整光源、準備下一場衣服／飾物，爭取時間，畢竟一分一秒都在燒錢。

草莓還沒有經紀公司安排（這也相對彈性自由許多），簽約費用、肖像同意書／授權範圍部分只要草莓本人同意即可，拍攝現場是姐姐陪同協助處理草莓的瑣事，讓她專心被拍攝的工作。草莓的姐姐很客氣請我多提拔、照顧草莓，我們在攝影棚現場聊得愉快，我表示很有興趣，接下來我們集團其他品牌也可請草莓拍攝「圖庫」；也樂意推薦給其他需要的單位，大家互相照顧。

作品出來了，我個人、攝影師、草莓的姐姐及品牌主管都非常滿意，都覺得草莓未來是往模特兒圈發展的「料」。我們醫美品牌的網站一一上架草莓醫療示意圖片，整體性、可看性皆獲得外界好評；加上電視節目《大學生了沒》收視率非常高，本身的實力加上媒體推波助瀾，我們都看好草莓的未來發展。

某一天草莓的姐姐傳訊息給我，轉達草莓不悅作品放在醫美診所相關的網路宣傳，擔心被閒言閒語是否整形才能這樣維持體態及漂亮，覺得受騙去拍攝「這種」照片。

我當下其實更不悅，合約書內容及相關拍攝道具都可看出是拍攝「這種」照片，何來被騙？都是法定成年人了，自己的行為要自己負責。況且所有拍攝費用、肖像簽約費用都已經支付了，若不要就早點表示，大家不用勞師動眾花費時間、人力準備，到頭來卻不能曝光，做健康的嗎？

「不爽放在網路宣傳，已違約需賠償，都是法定成年人，不然就法院見！」我告訴草莓的姐姐。

草莓的姐姐一直跟我賠不是，請我行行好，草莓還只是在學大學生，沒什麼存款。加上在《大學生了沒》中形象良好，讓人知道去拍攝「這種」照片，想必會影響後續模特兒圈發展。

聽了我更怒了，我追問為何草莓不來直接跟我講？這樣超級沒有教養、沒有禮貌！我想聽聽草莓本人親口說，不然搞不好是草莓的姐姐妳在阻擋，誤會就這麼展開。

草莓的姐姐傳送草莓的Line截圖清楚寫下幾個字：「我不要！騙我去拍攝『這種』照片，還不是想利用我在《大學生了沒》的名氣！我不要！」

草莓的姐姐一直跟我道歉說：「小孩子不懂事，就是固定上《大學生了沒》節目後有偶像包袱，拜託楊總放她一條生路。」

我．超．級．怒！非常！這已經不是小孩子了！都已經大學四年級了！

由於該醫美品牌的網站分頁本已上架草莓醫療示意圖片，我請同仁全部下架任何草莓的圖片，網頁內容變得非常枯燥無味，瀏覽的網友必定跳出率大增，確實也直接影響了該品牌該月份的營業額。我也因為這件事被所有投資人罵到狗血淋頭，質問為什麼會發生這樣的事。

為了補救這樣的缺口，我緊急聯絡同教會的姐妹洪曉蕾（後改名洪宜卉）幫忙。

洪曉蕾，台灣最大模特兒經紀公司凱渥旗下超級模特兒，林志玲進入凱渥的師姐，二〇〇四年台視文化出版的《凱渥名模美麗宣言》集結：洪曉蕾、林志玲、江怡蓉、王曉書、王聖芬等台灣超級模特兒，打響了模特兒的特殊地位。

曉蕾一聽之下表示願意幫忙，毫不猶豫。

「不用跟洪偉明老師（凱渥創辦人）打聲招呼嗎？而且是醫美診所喔！」我疑問。

「不用啦，我又不是沒有自己的朋友，到朋友診所那參觀、拍照，這很正常啊！模特兒的工作就是協助攝影師拍到腦中的畫面，哪裡曝光不該是模特兒該在意的吧？人家願意花錢購買圖庫還管人家曝光在哪？」曉蕾回應。

「果然是獅子座女生，太有義氣了！我懂了，不要正式攝影棚，那就來診所拍攝醫療示意圖片，來吧！」我豁然開朗說。

超模（超級模特兒）果然是超模！舉手投足馬上到位，根本不需要「秀導」指導示範，整個過程大概就卅分鐘吧，大家都在非常輕鬆自然氣氛中完成。曉蕾當下邀請我週末到他先生（王世均）在西門町新開幕一家文具店，請我及醫師們去捧場。

「當然要去啊！這有什麼問題！」我開心地說。

我們醫美品牌的網站重新上架曉蕾醫療示意圖片，超模一出手，就知道有沒有，效果、氣勢果然強壓草莓原本的效果！尤其是曉蕾那逆天美腿，許多女性友人甚至娛樂新聞媒體都在詢問曉蕾是如何維持、保養。

我將照片傳給草莓的姐姐，告知人家Super Model都沒在顧忌拍攝「這種」照片，我們怎會是利用草莓在《大學生了沒》的名氣呢？不是嚮往模特兒圈發展嗎？

「唉呀！可惜！原來可以拍得這麼自然、漂亮！小孩子不懂事！小孩子真不懂事！」草莓的姐姐一直跟我道歉。

總之曉蕾補救了我們的網頁缺口，所有投資人更是讚嘆不絕。這件事，我就不再追究。

由於當時認識《大學生了沒》的節目部主管，我們當年的集團春酒就邀請《大學生了沒》的納豆擔任春酒活動主持人，後續也談了一些合作。

由於曉蕾在模特兒圈已資深到遙不可及，除了少數幾場大秀或朋友的品牌合作，後來多擔任「凱渥夢幻之星選拔大賽」評審及模特兒教育訓練工作。身材、臉蛋、氣勢依舊凌人，光是甩髮停留的角度都能精準到位，非常不可思議！

「凱渥夢幻之星選拔大賽」是亞洲模特兒圈的重頭戲，受到國際媒體大篇幅關注。陳庭妮、吳嘉蓁皆是該比賽挖掘出的超級模特兒，奠定了許多嚮往模特兒圈發展的重要期末考地位。

那年夏天，選拔大賽關卡如火如荼進行中，曉蕾來訊：「惠中，先前你找我到診所拍攝是因為《大學生了沒》的那位草莓，對吧？」

我：「是啊！曉蕾妳大好人，後來幫忙補拍照非常完美啊，後來我就不再理她，怎麼了？」

曉蕾：「草莓有來報名我們今年『凱渥夢幻之星選拔大賽』，喔，那我知道了……」

我：「天啊啊啊啊啊！妳要好好『照顧』人家啊！」

職場碎碎念：Be a Super Model 還不如 Be a Role Model

一次又一次印證，「對所有人謙虛，是種安全。」這段話讓我刻在心版上，確實，對所有人保持友善，是種安全。因為我們不知道面對的這一個人，可能就是決定我們未來的「那一個人」，而且可能就是捏碎我們夢想的「那一個人」。

依照因果關係，多年後若有點反省能力，或許才會驚覺親手捏碎我們夢想的

「那一個人」，其實就是自己。

世界真的很小，相拄會著。人一生就像走夜路，往往是一人暗中摸索，我們若有貴人引領走過夜路，這是何等榮幸，不必走冤枉路。

模特兒的工作絕對不只是秀自己（那就自拍就好了）；若不能與團隊合作、不配合「秀導」的指導、不聽從攝影師的建議、廠商（付你／妳錢的人）提供給你／妳的產品不願強調展示秀出來，只顧自己想擺的Pose，你／妳哪來的信心下次還有人或單位會找你／妳？

模特兒絕對絕對不是只是長得高、臉蛋美、身材好就可以勝任。能夠聽得懂指示、配合度高、懂得團隊合作，才能一起成就完美的作品。

台灣幾位超級模特兒如此、全世界幾乎超級模特兒亦是如此。善用自身的影響力，提倡關懷弱勢兒童、環境保護等自身關心的議題，絕對絕對不是只是長得高、臉蛋美、身材好就可以擔任模特兒。

凱渥名模洪曉蕾長期支持伊甸基金會「弱勢兒童服務計畫」並擔任公益大使，

號召眾多好友、模特兒一同參與，讓偏鄉的慢飛天使們能夠持續接受早期療育。凱渥名模隋棠愛狗成痴，「關心流浪動物」這件事眾所周知，最令人印象深刻是模特兒走秀常需要搭配動物皮草，隋棠說：「我對於小動物就是沒有抵抗力，幾乎所有動物都養過。小學打掃時撿到一隻小蝙蝠，就把小蝙蝠帶在身邊用牛奶餵養，連我爸媽都覺得不可思議，我究竟是怎麼辦到！」所以上街頭為流浪動物發聲和參與電影《十二夜》演出，她都義不容辭。卅歲那年，更是發願不再接觸皮草，推掉工作、損失金錢也不在乎！

同樣是凱渥名模林志玲，自二〇〇五年開始，便一直擔任「六分鐘護一生」公益大使，推動婦女癌症防治，讓社會大眾認識婦癌、重視婦癌並養成定期至醫院做檢測的習慣。此項婦科檢查公益活動，已成為關注女性健康的象徵指標。林志玲更是身體力行，親自執導了公益紀錄短片《還來得及說愛你》，講述癌症病友的真實故事，詮釋活著是最幸福的事。在林志玲的宣導下，乳癌與子宮頸癌原為扼殺女性死亡最大原因，近十年，已讓台灣死亡人數減少百分之六十，績效顯著。林志玲受邀成為台灣世界展望會的「HOPE計畫」代言人，並親身走訪史瓦濟蘭，關懷當地愛滋遺孤家庭，同時呼籲民眾關注愛滋問題在全世界所造成的影響與災難。

墨西哥及瑞典血統的美國籍名模Melany Bennett（曾代言過LV、DC、Levi's、Guess等國際知名品牌）曾說：「身為職業模特兒，為什麼仍要四處為人權奔波努力？不論什麼職業，只要身為人，就有責任要去推廣人權，讓人權為人所知。當然身為一位公眾人物，所言所行比較容易為社會大眾所傾聽、信服。希望從自己開始努力，能邀約更多藝術家或公眾人物參與人權事務。」

Be a Super Model還不如Be a Role Model！

長得好看的人到處都是，能夠活得精彩漂亮、為這世界更加美好，才是本事！我們必須意識到要對社會負起責任，每一分的努力都能讓世界鬆一口氣。

就我身為企業經理人，偶爾需充當「秀導」，也常常是被拍攝的模特兒，深知模特兒圈有一潛規則：「若不懂與團隊合作的人，不只是沒有下次，現場就會請你／妳離開。」所有的拍攝不是為了一個人，而是有一主題、有一宣傳目的。這些主題、宣傳目的都是動輒數十人，甚至百人、千人的努力，若連成本／產品供應鏈也計算進去，萬人是基本；更現實的是，都需要花錢。

模特兒若只是想秀自己，那就自拍就好了，沒人會管妳／你有沒有主題、有什麼宣傳目的，自己爽就好。

「合作」是一種技藝，需要不斷鍛鍊、練習。就像球賽或交響樂演出，若只想「做自己」，漠視教練／指揮（主管）的布局引導，怎能打贏球賽？怎能演出動人樂曲？模特兒不願配合「秀導」的指導、不聽從攝影師的建議，怎可能完成完美的作品？

人都有可能成為教練、主管、秀導、任何旁觀者的角色，願意「合作」並放下自己，不管彼此喜歡或討厭，我們就得想辦法「在一起」，因為我們共事在同一空間裡，需要「一起」完成作品！

小合作就要放下態度，彼此尊重；大合作就要放下利益，彼此平衡。一輩子的合作就要放下性格，彼此成就。一味索取，不懂付出；一味任性，不知讓步，到最後必然一無所有。想辦法「合作」，需要不斷鍛鍊、練習，某種程度就是磨練自己的個性。

有偶像包袱？這種衣服不屑穿、那種Pose不願意擺、嫌造型醜不想配合，這樣的個性會惹火誰？相信我，現場的所有人都會請你／妳直接離開。如果模特兒無法撐一下讓作品完成拍攝、讓大家準時收工，給你／妳再大的舞台、給你／妳再難得的國際知名品牌，都會毀在自己的手中。Super Model的挑戰很多，在自己人裡面找敵人，無助於事業的發展。

有偶像包袱？那麼衷心建議就自拍就好。

「模特兒的工作往往就是不能做自己，常常需要勉強自己不敢、甚至從來都不想做的事。」嚮往模特兒圈發展的人，真懂這個道理？

還沒有想通這件事？覺得委屈？那麼就奉勸不要參加任何模特兒選拔大賽，浪費報名費、虛度時間而已。

還有一極重要的觀念是所有人甚至職業模特兒都會誤解的事：「模特兒從來都

只是『配角』，而不是『主角』。」

什麼？模特兒居然不是主角？舉個實際發生的例子：

某一次聚會，吳慷仁拍攝Gucci 2020年發表藍紅直條紋的男西裝外套，我一看就非常喜歡，也試穿這件看看並拍攝照片，覺得非常耐看。由於並不是正式拍攝，現場我直說：「若要正式作服裝Catalog，我會理光頭或是弄壞壞的造型，就完全對了！」

幾乎跟我同身型、身高的友人「熱血公民教師」黃益中也試穿並拍攝照片，我們照片一曝光，幾乎所有人一面倒大讚黃益中比較會擺Pose，確實超帥，我也有同感。

但是就「專業」的角度，黃益中的照片會被丟在一旁。

男性雜誌總編輯Eddie：「黃益中怎麼把Gucci的外套弄皺成這樣啊！」

香港資深職業攝影師葉俊雄：「惠中將西裝外套的肩膀、胸、腰線表現Fitting好完美！」

若我是Gucci廠商，模特兒沒有將Logo品牌露出，完全沒有曝光、宣傳的效果，廠商是拍攝心酸的嗎？

我非常清楚模特兒從來都只是「配角」，不是「主角」。不過幾秒鐘的時間，拍攝前小心翼翼將西裝外套的版型特色弄齊、光影的角度能否呈現Gucci品牌露出、細心穿上維持直挺的西裝線條、測試手臂彎曲會不會有皺痕、臉上表情絕對不能搶過服裝的風潮，拍照！

拍照也要顧慮這麼多？我行我素，當不成專業Model，建議就自拍就好。畢竟Gucci藍紅直條紋的男西裝外套才是「主角」啊，模特兒怎麼可以搶過「主角」！所以「秀導」在現場指揮最常大叫說：「拜託！Model要動腦筋！要動腦！天啊，廠商的Logo咧？我要被罵死了！手錶！手錶秀出來！不是秀妳的臉！前面那位，你手擋到產品了！小心扯到鑽石項鍊啊！少一顆誰要賠啊？卡！卡！卡！衣服會皺不會內襯紙板啊？造型師！」

模特兒產業並不都是氣質優雅，這就是專業攝影棚的日常。常常可以見到「秀導」躲到角落一個人抽根菸，Calm Down情緒，手還發抖。

我個人是沒有抽菸的習慣，但充當「秀導」那幾次，我自己覺得蠻需要，我懂。

健康警語：「吸菸有害健康」。

說也奇怪，草莓在《大學生了沒》那一年媒體版面超多，幾乎每天都有她的娛樂新聞，觀眾緣絕對沒有問題。大學畢業後往模特兒圈發展應該也不是問題，後來卻銷聲匿跡。

就算無法成為台灣最大模特兒經紀公司凱渥的一員，台灣還有許多其他模特兒經紀公司、娛樂經紀公司，還有網紅經紀公司。依照《大學生了沒》當時高知名度，加上草莓本身身材姣好、臉蛋甜美，不要說去應徵或是參加選拔大賽，就圈子的文化，本應該有經紀人親自找上門，這是非常正常的職場邏輯。

因為工作的關係，常會接觸藝人或模特兒，有些人之所以不會大紅或只能當小模，往往不是沒有才華或長相不佳，而是不照合約走或到處騙吃騙喝，這樣的人豈敢有團隊願意長期栽培、合作？誠信是非常起碼的職場標準，這也是在職場上繼續讓人探聽的理由。

而且很可怕的是，職場上的所有人都可以被取代，你／妳不想做、做不到，那就換別人上場。

一個人銷聲匿跡，就是這麼開始的。

據我觀察，越真正大牌／知名的人反而更謙虛、愛惜羽毛，廣結善緣才有下一次合作。人生不是只為了秀自己，能夠藉由自己成為鎂光燈的焦點讓人看見你／妳所在意的生命、關心的議題，讓這世界有機會改善、更加美好，才是回報父母給你／妳的好看的面貌！

Be a Super Model還不如Be a Role Model！

三、女新聞主播的予取予求

王武晨（瓦勒斯）：「惠中，你是不是認識童振源大使？我發現你跟他是臉書好友。我出了一本泰國旅遊的書《去泰國玩節慶：文化體驗×交通指引×食宿旅規劃，微笑國度一年十二個月都有主題慶典可以玩！》想親自送給台灣駐泰國大使童振源，可是一直聯絡不上他；大使館的同仁好像也沒有轉達，惠中方便幫我問一下？」

我：「喔童振源老師，國家發展研究所的政治學老師。他射手座的人，很愛交朋友，人蠻好相處的啊，我問他一下。」

我：「童老師，好久不見！知道你正在泰國推廣台灣泰國的相互觀光，近年來確實有蠻多泰國人來台灣玩喔！我有位正在泰國工作的台灣朋友想親自送給老師一本他剛出版的泰國旅遊書，不知道老師是否方便跟他見個面？」

童振源大使：「沒問題啊，請他直接來我大使館，歡迎！歡迎！」

我：「欸哪有很難聯絡啊，他請你直接去駐泰國大使館。」

瓦勒斯：「天啊啊啊啊啊啊啊！惠中你太神了！求你收下我的膝蓋！」

瓦勒斯如願見到童振源大使後，由於新書是在台灣出版，瓦勒斯必須回台灣一趟，配合出版社將有一連串的新書宣傳。

一回到台灣，又來找我了。

瓦勒斯：「惠中，你是不是認識蜜桃（化名）新聞主播啊？我好喜歡她啊！我好想上她主持的訪談節目，你神通廣大，再幫我一下啦！」

我：「新聞主播兼主持人？我其實不認識她欸，不過我認識他們家媒體的董事長，她常常教導我行政管理的技巧；台長也是知名媒體人，我上過幾次台長的訪談，可以幫忙問一下，但決定權在他們。」

真是萬幸，董事長表示沒問題，指派了節目部主管與瓦勒斯聯繫，迅速敲定了訪談時間，也先討論一下訪談方向。

瓦勒斯：「天啊啊啊啊啊啊啊！惠中你太可怕了吧！你要什麼我都給你！天啊啊啊啊！」

我：「你・太・誇・張。你哪天何時上節目？請務必讓我知道。當天我會陪同，我要親自感謝董事長及台長的幫忙。可以的話，你也準備兩本新書送給董事長及台長，節目部主管最好也送一本喔。」

訪談當天，見到蜜桃新聞主播本人，確實口條清晰、親切大方，難怪這麼多宅男哈她哈得要死。當場我遞上我的名片，表示若有我能夠協助的地方，請蜜桃新聞主播不吝告知我；順便「牽拖」蜜桃新聞主播的大學同班同學（某知名導演）是我很要好的朋友，導演本人私下也很搞笑。

人際關係就是需要「牽拖」，人的距離感覺就沒這麼遠了。

也許是董事長及台長親自安排，蜜桃新聞主播本人訪談過程到結束後寒暄都非常熱情有禮貌，多次詢問我會不會招待不周，甚至邀請我上節目聊聊。我當下還無法答覆，蜜桃新聞主播就開啟Line QR Code，請我及瓦勒斯加入，大家交個朋友。

瓦勒斯開心爽到飛上太空，大聲尖叫！

台長大人好奇興奮聲音從哪裡傳來，發現了我們，走了過來。我提醒瓦勒斯趕快將簽好給台長的新書拿出來，瓦勒斯見到久仰大名的台長大人又抱又跳說：「今天是我這輩子人生的最高峰！天啊啊啊啊！最高峰！要走下坡了！」

瓦勒斯開心飛到哪了？太誇張了！

我們一離開現場，蜜桃新聞主播就Line我，表達深受髮際線越來越稀疏的困擾，常常嚇到髮型設計師、化妝師，目前都用髮粉遮蓋；但確信再不處理，這絕對會被外界嘲諷。收到我的名片非常驚訝，據某某某（記者）及某某某（男主播）推薦，因而注意我們家診所很久了，早就計畫進行植髮手術，想不到可以當面認識我，拜託救救她的髮際線。

我Line回覆訊息：「哎呀，妳太客氣了！沒問題啊！歡迎啊！找一天到我們生髮植鬍診所吧，我介紹現場主管及醫師讓妳認識。不然我們拉個群組好了，方便我交代事情，若蜜桃新聞主播不介意的話。」

蜜桃新聞主播依約定時間來到我們台北的生髮植鬍診所，當天陪同一位男性友人，友人全程皆不說話（但很明顯有遺傳性掉髮），順便就一起進行頭皮檢測、一同參觀手術房環境、瞭解不同植髮手術方法。

男性友人一直不說話，也好像沒有在聽我們說話。

當天碰巧見到一位友台男性主播手術後回診，雙方並不尷尬，反而聊了起來。媒體圈大家都有壓力型掉髮吧，我猜。

現場相談甚歡，蜜桃新聞主播遂邀請我們家醫師上她的節目中聊聊，現代人落髮問題複雜，想必會引發許多討論。當天也已經談到蜜桃新聞主播何時可安排手術的事。雖然一般人植髮手術後隔天直接上班沒有問題，但由於蜜桃新聞主播是公眾人物，建議術後最好還是休息個幾天較妥。

當天晚上，蜜桃新聞主播在我們Line群組中詢問，是否可以讓她及今天陪同參觀的日本籍男朋友皆享有「免費」植髮手術？

原來是日本籍男朋友，難怪全程不發一語。

我們的品牌總監孫稚庭（資深護理師，植髮教學技導）Line回應：「由於植髮手術是非常精細的手工療程，也必須要眾多醫護人員同時分工，爭取毛囊的存活時間，非常辛苦，因此收費至少都需要十萬以上，我們今檢測蜜桃新聞主播的頭皮需要毛髮根數，至少要廿萬元。」

我進一步Line回應：「蜜桃新聞主播是好朋友，免費植髮手術這是我可以照顧的事；可是男朋友……，我這邊真的有困難。畢竟他遺傳性掉髮非常嚴重，費用勢必更高，若真的想做植髮手術，我這承諾可以給他優惠價，這樣如何？」

蜜桃新聞主播：「拜託啦！其實這次過去最主要原因是我男朋友，我從認識他有茂密的頭髮，到現在稀疏得像歐吉桑，我越看越不喜歡……」

我Line回應：「還是就男朋友一人免費植髮手術就好？執行一位DEMO，這點我可以說服我們家醫護同仁。」

蜜桃新聞主播：「不行啦，當然我也要啊！兩位都免費啦！拜託啦！」

我Line回應：「這樣好了，我去問一下我們家醫師，兩台不收費的刀願不願意接。無論如何，我這先承諾蜜桃新聞主播個人確定可以免費植髮手術，這事我來處理。」

讓人為難的是，我們台北、高雄所有植髮醫師都不願意同時接兩台免費植髮手術，畢竟這費用近六十萬元，一群醫護人員都做白工，這點非常侮辱專業人員。

回報給蜜桃新聞主播，新聞主播表示非常遺憾。既然這樣，蜜桃新聞主播自己安排時間來做。由於工作都需排班曝光，一直無法確認手術時間。

某天我再度受邀台長的訪談，董事長問我上次不是聊到可安排我們家醫師上蜜桃新聞主播的節目中聊聊？我當下馬上跟醫師敲時間，不囉唆，就這麼往下走。

隨即在我們Line群組中告知我們家高雄的生髮植鬍診所林士棋醫師將上蜜桃新聞主播的節目，新聞主播自身的落髮問題，可以趁節目中發問、聊聊。

蜜桃新聞主播Line回應：「這我無法決定，平常都是公司幫我安排受訪者喔。」

我Line回應：「這訪談是董事長安排的喔，就確定是今年九月五日。」

蜜桃新聞主播一直無法確認手術時間，也不知道發生什麼事。追問感覺像是催促，媒體工作確實也常有突發狀況，手術這件事，我們就先擱著。

八月底了，接近我們家醫師上蜜桃新聞主播節目的時間，我們的品牌總監孫稚庭Line群組中傳送經媒體工作人員擬的訪談稿檔案，上面備註了醫師要說明的一些簡要文獻資料，可供蜜桃新聞主播先參考，方便訪談當天的討論。

蜜桃新聞主播Line回應：「相關資料都是節目製作人幫我過目，他想要我怎麼講，我就怎麼講喔。」

由於我認識蜜桃新聞主播的節目製作人，私下詢問蜜桃新聞主播好像最近怪怪的，有發生什麼事嗎？製作人回應沒什麼異狀；若有的話，可能是最近被人誤會，因而心情受些影響。隨即傳送蜜桃新聞主播前一天粉絲專頁的貼文內容網頁連結，寫了一篇好長的文字內容，但仍看不出來發生什麼事。

九月四日，也就是訪談的前一天，我在Line群組中說：「蜜桃新聞主播，我們的生醫集團剛榮獲全國十大傑出企業、生髮植鬍診所榮獲最佳品牌形象獎。若允許的話，麻煩明天在節目中可提到這樣的喜事，拜託了！明天我也會陪同我們家醫師出席，明天見囉！」

（全部人已讀，沒有人回應）

九月五日，我們提前到節目現場，因台長（知名媒體人）出了一本新書要送給我（已親筆簽名），我禮貌上早點跟台長現場寒暄並合影推薦新書，並禮尚往來，親手交付兩張舞台劇的門票，邀請台長及夫人觀賞我們生醫集團與「故事工廠」合作的一齣舞台劇《暫時停止青春》，舞台上有我們旗下醫療品牌的場景，探討現代人為何在意年輕。

遠處不知哪裡傳來女生的聲音，非常大聲地說：「會．有．人．看．嗎？還不是票賣不出去只好送人。」

台長及現場辦公室同仁都滿臉問號，哪個節目部現場的門沒關好？

由於不能逗留太久，我當下表示要陪我們家醫師錄製蜜桃新聞主播主持的節目，問台長說：「不知道我進到蜜桃新聞主播的節目現場，會不會打擾訪談的進行？」

不知又是哪裡傳來一位女生的聲音，非常大聲地說：「當．然．不．會．啊！我最愛把人當空氣了。」

台長及現場辦公室同仁都東張西望，滿臉問號，究竟發生什麼事？

台長後來引領我們到節目現場，一進門，看見蜜桃新聞主播就坐在麥克風前，看見她的主管／台長進來，仍坐在位子上。

媒體圈可以這樣嗎？我當下有點納悶，可能是媒體圈都尊重彼此忙碌手邊的事而不打擾吧，我猜。

我現場特別介紹我們家高雄生髮植鬍診所林士棋醫師，據我瞭解是蜜桃新聞主播的忠實粉絲，這次特地從高雄上來，現在看起來很害羞，其實興奮到昨晚一整晚睡不著，麻煩待會多多照顧。並詢問是否方便我進到節目現場觀看？我保證安靜，不會出聲打擾。

蜜桃新聞主播坐著看著手邊的稿大聲說：「根本沒差啊！把人當空氣，我．最．會．了！」

我們家醫師在旁邊滿臉問號，究竟發生什麼事？

What！我才意識到她是在不爽我！怎麼這麼沒有社交禮儀啊？在這樣的場合！我自己就拉了張椅子在角落中坐著，安安靜靜，不敢出聲。

蜜桃新聞主播與我們家醫師的訪談非常輕鬆愉快，有說有笑，製造不少節目效果。最後提到我們獲獎的喜事說：「可是喔，這家總經理很．小．氣！各位有興趣的朋友要注意喔！哎呀哎呀，剛剛是開玩笑的啦！哈哈哈哈哈我們下次見！」

天啊！非常確定她是在不爽我，而且毫不隱藏，公報私仇！我現場直接跟節目製作人說：「剛最後一段請刪除，謝謝！」講完我就拎著我的包包，準備直接走出節目現場。一開門就見到董事長說：「哎呀，今天如何？我們安排這次的訪談很順利吧？來來來，一起來！我們到LOGO大背板的攝影室合照，主持人跟來賓照個相，留作紀念。」

蜜桃新聞主播就「矗立」在大背板前，像是辦喪事，板著臉不做任何動作。坦白說，這場面非常惹毛我，但礙於董事長在旁，我忍著情緒將就合照。

董事長問我發生什麼事？我回說：「沒事。」董事長緊接著說：「沒事就好。」

我相信，當天整個過程都沒人發現，我其實很不爽。

成熟的表現就是一笑置之。

職場的挑戰很多，在自己人裡面找敵人，無助於未來發展。怎麼會有公眾人物這麼不懂人情世故？即使我這麼不爽，我拍完照後，仍向現場主管致意後再下樓離開。

這事我不想追究，更沒必要讓新聞主播丟了工作。

職場碎碎念：對所有人謙虛是種安全

我們人一生就像走夜路，往往是一人暗中摸索，也常常走到另一山處遇見曾經一起走過的人，不管是仇人還是情人，甚至陌生人。

我們若有貴人引領走過夜路，這是何等榮幸！不必走冤枉路。

一位好朋友吳鏡瑜律師曾分享他服兵役時的長官常常提醒他一段話：「對所有人謙虛，是種安全。」這段話讓我深刻放在心上，確實對所有人保持友善，是種安全。因為我們不知道面對的這一個人，可能就是我們未來的老闆，也可能正是我們另一半的家人，或者是我們申請學術發表的收件研究助理……。世界真的很小，相拄會著。

研究助理有什麼影響力？我有一位朋友分享在審查國際研討會參與者資料的時候，有投件者的文獻資料出了點紕漏（尚可改善補正），結果另位工作人員在旁邊吶喊：「這不就是我女朋友之前問他交換學生問題，卻愛理不理的那個人嗎？」結果那個人的學術資料就被丟在旁邊了。

夜路走多了，會遇見誰？夜路走久了，你／妳累不累？

「你走下坡的時候會遇到我；我走上坡的時候會遇見妳；你在他面前說服老闆這人不能用，偏偏在某個場合驚見他是你最重要客戶的小祕書，所有要聯繫這客戶的大小事都要透過他，這不只尷尬，還是種折磨。」

上面這短短的故事是我個人親身經驗及看見，世界他媽的真的有夠小，對所有人保持謙虛，真的是一種安全，不然災難的原始源頭都是自己點燃的火！

或許有人會猜，新聞主播兼主持人？會不會是曾與台灣露德協會合辦號召將衣物「出櫃」、將疾病「出櫃」活動的三立新聞台《台灣大頭條》當家主播，同時也是《呂讀台灣》的主持人張齡予？

這篇蜜桃新聞主播不是張齡予，先予澄明，不要造成當事人困擾。

主播張齡予大學時就到關愛之家當志工，當時主要照顧被垂直感染的愛滋寶寶。如今因應社會變化，移工寶寶成了多數，但不變的是孩子們可愛活潑的笑容。

曾經聽過主播張齡予分享，從小應教導孩子要接納跟我們不一樣的人／族群，從小正確認識愛滋病、認識弱勢。

對我來說，齡予主播，帥！爆！了！我們還要一起繼續將疾病「出櫃」！希望大家也持續關注、支持齡予所關心的所有公益議題！

蜜桃新聞主播搭飛機要不要買機票？想必是需要。蜜桃新聞主播到醫院看病要不要掛號？想必是需要。蜜桃新聞主播到咖啡店喝咖啡，要不要櫃檯埋單？想必是需要。那麼，按正常來說，蜜桃新聞主播因落髮問題想進行植髮手術，為什麼不用付醫療費用？就因為是公眾人物嗎？主播主持人何其多，還不如像主播主持人張齡予將自己的社會影響力讓這世界得到修補，讓大眾看見弱勢的需要。

我承諾給予蜜桃新聞主播「免費植髮手術」，這是我可以照顧的事（而且是種禮遇），但這並不代表是我欠這個人。

蜜桃新聞主播：「不行啦，當然我也要啊！兩位都免費啦！拜託啦！」

禮遇之外還加碼索取同等禮遇？這不是勒索，什麼是勒索？既是情緒勒索，也是金錢勒索。我們究竟欠這個人或這兩個人多少？我很確定，完全沒有。

後來才從新聞得知蜜桃新聞主播自己在台北市鬧區開了一家服飾店。好朋友就該到好朋友的服飾店購買衣服，甚至介紹給更多朋友。這是種貼心，好朋友就是互相捧場、支持，不是嗎？

那麼，我若在蜜桃新聞主播的服飾店搬了廿萬甚至六十萬價值的衣服，要求蜜桃新聞主播免費送給我，蜜桃新聞主播會答應嗎？我沒試過我不知道，但這事不會發生，因為我絕對絕對開不了口。

要嘛就自己買，又不是沒有正當工作。

我個人對於所謂的「CP值」，非常非常反感。

CP值是指是Capability／Price的縮寫，就是性能與價格的比值，當購買東西或服務的性能越高，價錢越低，這件東西或服務的C／P值（C除以P的值）就會越高。性價比在日本稱作成本效益比，為性能和價格的比例，俗稱CP值。在經濟學和工程學，性價比指的是一個產品根據它的價格所能提供的性能的能力。在不考慮其他因素下，一般來說有著更高性價比的產品是更值得擁有的。性價比字面上看起來像是價格對於性能的比值，實際上是「性能對於價格的比值」。

在要求低成本（最好是免費）的情況，又追求高附加價值，這不就是壓榨生產力嗎？追求CP值本身就是鼓勵業主壓榨勞工，這是暴力要求別人做功德、犧牲別人的薪資、榨乾別人的最後一滴付出。

我們願意「免費」為蜜桃新聞主播施行植髮手術，消毒程序、感染控制、醫療品質可以隨便做做嗎？醫療行為又不像買衣服，不適合不喜歡可以扔棄或送人；醫療本身就有風險性，任何醫療行為的風險機率都絕對不會是零，「免費」手術的風險成本誰來承擔？蜜桃新聞主播願意承擔嗎？

很多人貪小便宜追求CP值，要求透過低成本（最好是免費）獲取高價值的商品。但是追求低成本就是Cost Down，在要求低成本或是免費的情況，又追求高附加價值，那不就是壓榨生產力？在醫療行為就是踐踏醫療專業到底。

某次國道翻車事件，媒體訪談我對這事的看法。我認為國人真的要改掉追求

「高CP值」這觀念：「豈能要求價格『越低』，品質卻要『越高』？」一定會有環節被犧牲啊（每次聽到高CP值我就火）。被犧牲常常是員工的薪資（所以才有無良的雇主強迫員工簽署自願放棄勞工保險及全民健康保險並自願放棄一切法律追訴權）這種違反法律的勞動契約，更遑論偷工減料生產成本。因為「高CP值」這種售價低廉的產品，怎麼可能用「正常」、「健康」的材料？被犧牲的是什麼？

台灣人恐怕很難想像，打拚了這麼久之後，儘管生產力的水準早已名列世界的前段班，可是我們的實質薪資還處於開發中國家水準，「CP值」成了台灣勞工階級最貼切也最諷刺的形容詞。

晉升為服飾店老闆的蜜桃新聞主播，照理說更應該廣結善緣。商場上挑戰很多，在可以是朋友的人裡面找敵人，無助於未來發展。怎麼會有公眾人物這麼不懂人情世故？既然覺得禮遇之外還要加碼索取同等禮遇這種如「玉石俱焚」般同歸於盡勒索不成，也沒必要對人不爽，我有欠妳嗎？非常莫名其妙。

蜜桃新聞主播明明知道我認識他們家的董事長及台長，不擔心我個人去跟董事長或台長「報告」？圈子真的很小，相拄會著。就我進入社會這些年來的經驗，根本不需要自己出手，「這個人」在三年內絕對會出事，屢見不鮮、屢試不爽。

突然想到一位音樂家友人，後來對於社會學特別有興趣，先去《聯合報》擔任記者一陣子，存了一些錢後到英國進修社會學碩士、博士，順利拿到學位後，回台灣尋找教職工作。

提到這位友人是因在我心裡已遠離「這樣的人」，不另詳加描述為何不喜歡「這樣的人」。

某一天這位友人傳來訊息：「惠中啊，很抱歉啊！我以後一定會對你很尊敬；以前若對你有什麼不禮貌的地方，請務必要原諒我，我不該對你這麼沒大沒小……」

「怎麼了？發生什麼事？」我問。

「我回台灣尋找教職工作一直碰壁，有點灰心。後來看到國立政治大學傳播學院正在招聘傳播社會學者，我當過記者有實務經驗就去申請。」友人說。

「很好啊，怎麼了？」我問。

「最後一關面試我的人是特聘教授徐美苓，特聘教授……，你知道學術地位了吧。」友人說。

「我知道徐美苓老師啊，一直有保持聯絡。從我大學時擔任中華民國愛滋感染者權益促進會志工時就認識她了，徐美苓老師很照顧我。前幾年台灣愛滋反歧視研討會／除罪化國際研討會，我是會議主席，徐美苓老師是我這場研討會的重要來賓兼與談人。」我說。

「恐怖就在這，我最後一關面試，徐美苓教授一直提到你，問我有沒有看過楊惠中寫的媒體評論？請我分析愛滋病與媒體……，我以後一定要對你非常尊敬啊，需不需要我當面跟你道歉啊？你好恐怖，失敬！失敬！徐美苓教授若問起我，拜託幫我說說好話啊。」友人說。

夜路走久了，也不知道會遇到誰。圈子真的有夠小，轉來轉去都直接／間接相遇得到，謝謝徐美苓老師引領走過的夜路與賞識、栽培。

再次應證，對所有人謙虛，是種安全。

四、高級知識分子的嘴臉

「名嘴」通常是對比較出名的電視節目或電台之時事評論員或主持人的稱呼。政論名嘴是政治事件及局勢的分析家和意見領袖；而言論自由的政論節目也因此孕育出許多具有高度聲量的名嘴；娛樂八卦名嘴是娛樂事件的分析家或意見領袖。

這是特定人群的言論自由，卻也多有爭議，形象評價兩極。

認識名嘴番茄（化名）是在某全方位藝人、演藝圈天王投資的電視節目，談論醫療、健康、美容、整形的話題。那天我陪同我們家的醫師應邀受訪，禮貌上親自遞上名片（介紹我們家所有旗下品牌）打聲招呼，看看有什麼需要幫忙的地方。

坦白說，我心裡並不是很欣賞番茄（甚至連合照都顧慮到周遭的朋友怎麼看我認識這個人，所以一直保持禮貌上工作往來）。但不否認，番茄非常知名，就我當下寫她的事，今天、昨天、再前一天……，都有她不少的新聞，連私生活、性生活都大剌剌公開分享，跨足主持風格也清新明確，逐漸轉型到幕前的表演工作。

就我親自接觸名嘴番茄，我總是偷偷學習她「說故事」的功力。一件很稀鬆平常的事，總是從她口中變成生動、精彩、緊張刺激、懸疑處處挑戰人性。

「他那顫動的手撫摸著她流著淚痕的臉龐……（加上手勢、表情動作）。」這種表達我怎麼做得出來啊，摸臉就摸臉，哪來這麼多畫面啊（甘拜下風）。

缺乏「說故事」的能力，是許多新聞主播友人及說話專家老師們給我的建議。這些友人、專家老師們都發覺我說話充斥著「文字」（非常清楚一個字、一個字），卻沒有「畫面」，也就是沒有「故事畫面」。

每次我陪同我們家的醫師應邀受訪，偷偷學到了很多。難怪番茄可以成為「名嘴」，我不行。幾次錄製電視節目下來，特別有感受到番茄工作的熱情（或者應該說「說話」的熱情），可以一直說話、一直說話、一直說話、一直說話。

對我來說，會累。

在一次錄影結束，剛好午餐時刻，我們也都沒什麼事，番茄邀請我與我們家醫師一起吃飯，我們就一起走到電視台附近的簡餐店，現場的店員、客人，看到名嘴番茄多會主動跟她打聲招呼或跟她合照，顯得我跟我們家醫師突然變成空氣……。正當我心裡有股涼風吹過，簡餐店的一角突然聽見有人喚我：「惠中，你怎麼會來這裡？」

我：「學姐！居然在這裡見到妳！恭喜妳，有看到新聞報導學姐升任電視台新聞部的最高主管，以後需要學姐多多照顧啊！」

主播學姐：「沒問題、沒問題！啊惠中跟番茄一起來啊？就是我們家電視台的新節目吧？」

我：「對啊，這是我們家生醫集團總院長黃仲立醫師，也請學姐多多照顧！周遭朋友都發現你們電視台的新聞報導多了很多弱勢關懷、人權觀點……（遞上名片）。」

主播學姐：「這就是我擔綱新聞部主管想做的事……。沒問題、沒問題！你們先聊先用餐，歡迎你們！惠中再找個時間來我新辦公室聊聊婚姻平權的修法事。」

我：「好，我正要跟學姐討論這件事。對了，要感謝學姐上次幫邱醫師撤除不實的醫療糾紛報導，他有請我要特別轉達給學姐。」

主播學姐：「小事！小事！我只是出一張嘴而已，這也是我們電視台新聞部應該做好查證的事。你們先聊、先用餐！我有事要先回電視台。」

名嘴番茄：「（毫不掩飾厭惡的眼神）她是誰啊？怎麼這麼剛好在這裡遇見人？」

我：「喔她是我大學學姐，她原本是電視台的新聞主播，最近才剛升電視台新聞部的最高主管。」

可能是番茄是娛樂線的人吧，對於新聞圈的人不熟（我心想，學姐其實也是很有名的新聞主播欸，怎麼番茄會不認識？）。

名嘴番茄：「喔原來你是念新聞傳播啊？」

我：「不是欸，完全不相關（我心想，擔任新聞主播也沒規定一定要新聞傳播背景，這明明就是刻板印象）。」

名嘴番茄：「我想也是，你看起來也不像念新聞傳播，長這個樣子。」

（長這個樣子？又是容貌偏見，刻板印象。）

名嘴番茄：「喔對了，你怎麼都沒找我合照啊？不要害羞不要害羞，你看剛剛不是有很多路人跟我合照，我都沒拒絕，來來來（招手）。」

坦白說，我百般不願意，但禮貌上我還是願意配合，畢竟這是工作。這幾張合照，我也不想分享到臉書、曝光，因為這類人跟我的價值觀差別太多，尤其名嘴番茄多次公開表達反對婚姻平權立法；甚至某一年總統選舉，名嘴番茄多次幫某政黨候選人站台，大聲疾呼表示同性戀很噁心、變態！（又是具破壞力的偏見，性別刻板印象，讓人覺得非常無力。若大家知道名嘴番茄的婚姻狀態及頻頻上社會版的荒唐形象，同志朋友是礙到妳什麼？擋到妳家Wi-Fi了嗎？）剛剛我學姐邀我到她辦公室聊聊婚姻平權的修法事，名嘴番茄一定覺得我們超級超級不正常！

明明就是超級正常不過的基本人權，妳的性生活就有比較高尚正常？

這頓飯局原本就只有我們三人，名嘴番茄後來臨時邀了一位我也認識的購物台皇后一同用餐。購物台皇后一到現場就很驚訝跟我打聲招呼：「黃醫師跟惠中也在啊！還好都是熟人，我還以為是誰，不熟我就不敢聊……，我們可以好好聊了！」

名嘴番茄：「你們認識啊？好巧，我本來要介紹你們認識……，那麼就直接進入正題，我跟她想弄一則新聞，需要你們家醫師還有需要到你們診所現場……（越來越小聲、越來越小聲）」

就我的經驗，既然要喬事情或討論祕密計畫，根本就不該在一般公眾出沒的場合（遮遮掩掩反而更引人注目；更何況可能被偷拍照片讓人說故事，這些人在密謀什麼事），應該在飯店的包廂飯局或特別辦公室的會議室。為什麼我知道？因為我們旗下某一品牌的大股東是某黑道團體的前會長（剛十年有期徒刑出獄）比較是商業上的喬事形式；明顯感覺番茄不是我這圈子的人。

（那我到底是哪一圈子？）

原來名嘴番茄跟購物台皇后肖想製造一則新聞讓記者追蹤報導，這樣她們能夠營造一些娛樂話題，進而置入一些產品，方便後續銷售、媒體曝光、製造網路聲量，而且名嘴番茄都已經想好了後續的媒體發言，要我們配合……演出。

新聞果然是「製造業」。既然這麼熟稔操作媒體，為何不認識我這位電視台的主播學姐啊，何況學姐現在是電視台新聞部的最高主管，名嘴番茄更應該拜個碼頭吧！

名嘴番茄：「就這樣大家一起配合演戲吧，我們就加個Line群組，方便聯絡。然後我也會找記者來報導這事。」

我：「還會找記者來報導？」

購物台皇后：「當・然・要・啊啊啊（拉長音大聲），不然你以為番茄怎麼紅的？每次生出話題都要『發通告』給各大媒體，不然怎麼會每！天！有！新！聞！（拉長音）」

名嘴番茄：「（小聲）而且啊跟你們說，每次我都會塞三千元給報社記者，她就一定會『照稿刊登』，記者最愛錢了，一個月三千元就給她打發，記者一個月的收入才！多！少！錢！（拉長音大聲）」

（現場餐廳客人全部往我們這邊看。）

名嘴番茄：「（小小聲）反正劇本就是我到你們家診所，跟客人一言不和打架、扯頭髮……，這位客人弄傷我（要真的打），剛好有記者路過勸架，意外發現打人的客人是莊醫師的小三……（超小聲）。」

（現場餐廳客人不動聲色，耳朵全部朝我們這邊傾斜。）

其實就以我身為經理人的立場，配合演這齣戲對我們家醫師、集團品牌根本沒想到什麼好處，就是幫她們兩人抬轎而已，甚至要我們家醫師當丑角，這在醫療人員的專業上很難說服；就算年輕的小醫師願意這樣「出名」，就我身為經理人的立場，我也不允許。更令我無法接受的是，需要動用到我們家的儀器、耗材，林林總總這些「道具」加起來要廿多萬元，還不包括演這齣戲當天下午清空客人停診的損失；還有醫師、護理人員配合施做療程的提成（俗稱操作技術費）等支出，我們配合演出，換到什麼？專業人員的「專業」淪為一場鬧劇，都不用考慮醫療風險？尤其是這場戲就是要弄到「出事」的邊緣，讓媒體追蹤報導……（新聞「製造業」，這觸犯了我醫療倫理與法律倫理的線了）。

名嘴番茄：「好啦！好啦！這頓飯就我請客！大家一起配合演戲吧，我們就加個Line群組，就這樣囉，我先去服飾店拿衣服，公關何時可以幫老娘我提包包？哈！哈！」

一頓飯就被收買了？平常一些業主或客戶請我們吃飯還比較像樣，因為我們值得讓別人這麼做，尤其是對社會有助益的事。

購物台皇后：「對啊，醫師也要有新聞才會紅啊；不然網路上查不到這個醫師，生意會好嗎？購物台在銷售產品也要營造網路風向、網路話題啊，不然On檔時間這麼短，哪能衝到業績啊！一般人多想上購物台啊……（拉長音大聲）。」

黃仲立醫師：「那就Line群組討論吧，我們再安排醫師跟空出我們旗下的醫美診所，先這樣吧！」

名嘴番茄：「我有事要先離開囉，這頓飯就我請客囉！喔對了，我也是『高．

級・知・識・分・子』（放慢速度強調），也是名校名科系畢業，應該『比・你・學・姐・好・吧』（放慢速度強調）！哈！哈！哈！（拎著皮包離開）」

怎麼會有人自稱自己是「高・級・知・識・分・子」啊？經名嘴番茄這麼一強調，反而引起我的好奇，立馬Google她的學歷。嗯，這圈子蠻多人念這學校科系，北部某私立大學……。由於曝光名嘴番茄的學歷，大家就知道我所指何人，為了避免我這種「下流分子」被「高・級・知・識・分・子」秋後算帳，只能說到這裡；「高・級・知・識・分・子」這放慢速度強調（還包括嘴臉），還真的是名嘴番茄的口中說出來……

職場碎碎念：貢獻知識給其他人

說來算是蠻特別的經驗（兩次），我還真的陪名嘴番茄到服飾店試穿衣服、提包包。路人不知道怎麼看我們的關係？後來每次經過服飾店，我都有種複雜的心情。

商場上有來有往，極為正常。受人餽贈、「被請吃飯」，我都非常感恩，也一定會親自表達我的感謝；但多來年的經驗告訴我，「被請吃飯」這件事絕對不會單純，一定是有什麼事會發生，屢試不爽。

免費的果然最貴，吐回去的（錢）往往是數十倍！甚至我曾經在香港受極大的禮遇招待一頓高級餐廳加上飯店住宿一晚，卻一頓飯時間內賠上新臺幣八十萬（否則可能會有生命危險），這慘事根本就是詐欺案！遇到強盜！至今我仍有傷（不敢跟人說）。當然有人會說「表示有讓人利用的價值」，但要看被拗的程度，而且到底能夠犧牲多少程度？一次一次的經驗，都是讓人一再試探底線、學到經驗。

就我個人，對人是有所分別。社交／工作上的往來需要是都可以配合，沒有問題。從「合照」這件事，透露了我個人人際關係的線，縱使是遇見公眾人物，我更是有所分別界線。

畢竟，我目前沒有負面新聞，目前。

一位律師學弟喜歡到處跟公眾人物合照，某次上節目與名嘴番茄同台，隨即分享到他自己臉書曝光。底下一堆人不是「嘖」就是「髒東西」，要不就是「大嘴巴」、「是有多想紅」……

印證我的有所分別界線直覺，我這種「下流分子」怎麼高攀「高·級·知·識·分·子」！保持距離是種安全。我當面跟這位律師學弟提醒多次，明顯看來是我囉唆，那就祝福一路上小心了。

就我個人最反感就是名嘴番茄的偏見心理。

她生動「說故事」的能力，往往都是堆疊某一團體（或個人）所持有的預設看法和態度，不論其是否為真實，或僅是想像的社會特徵，讓人們相信某一族群的所有成員都是品行不良、暴戾或骯髒時，人們就不會將這些族群的成員加以個別看待，也容易忽視那些與其固有信念相反的證據。這些狀況均顯示——名嘴番茄懷有偏見。

「偏見」一加強就會造成「刻板印象」（Stereotypes）。「刻板」（Stereo）一辭源自於希臘文，意為僵硬與堅固。因為許多刻板印象帶有情緒（愛、恨、情、仇），這樣的印象即使具有統計數據或事實證明與該印象是相反的，但仍難以改變其既定印象。例如：「許多美國人認為請領救助金的窮人是懶惰、不負責、依賴救援；但事實顯示，窮人大多是兒童、有工作的成年者或獨居老人。」

「歧視」是指剝奪某些族群成員的資格，或施予刻意或非刻意之不公平對待。此並無關於其優點、能力，以及過去整體之表現而給予負面和全然否定之非理性行為。相較於「偏見」純粹是一種心理的狀態；而「歧視」卻是將偏見化為實際的行動，名嘴番茄大聲疾呼表示同性戀很噁心、變態，就是一種施予大眾性別刻板印象，當然也是「歧視」。

言論自由無法容忍口無遮攔一再的歧視言論，擁有話語權的人更不該淪為庸俗、娛樂大眾、戲謔特定人／族群的歧視慣犯。性別平等教育有待再教育，何況「名嘴」是具有話語權的媒體工作者，不要忽略甚至低估妳／你說話的份量（殺傷力），因為……聽者不見得承受得了妳／你原以為不經意說話的重量。

我們都有責任讓人感受到光（建設性），而不是黑暗。

台灣的教育水準比較高，造就了不少自以為應該變聰明，在只懂得自己所知的專業領域，就以為自己應該就是「高級知識分子」；有了一點知名度就自認是鳳毛麟角，以為所有人都想覬覦跟妳／你合照，自戀到令人覺得噁心。

趾高氣揚到得意忘形，到底是有多行？

結果就是學到怎麼用槌子後，就把世界上一切都當釘子，覺得自己最行，目中無人。

在那個還有ＭＳＮ的年代，我的即時通帳號標題訊息一直都是：「所謂真正的知識分子，是將自己的知識貢獻給知識比他／她低的人，而不是反過來利用知識，去掠奪知識比他／她不足的人。」這是大導演吳念真說過的話，我一直放在心上。

五、名嘴入戲太深演過頭

接續前章節事件……

購物台皇后：「我們三人另加Line群組討論吧，這樣方便我們進行演這齣戲；現在臨時有狀況也可以隨機應變，臨時改劇本是很常發生的事。」

我：「可是不是已經有跟名嘴番茄姐成立四人Line群組？」

購物台皇后：「唉呦，她是女主角，現在發生什麼狀況誰來幫她啊；況且她手邊通告這麼多，規劃這種事本來就是旁邊的人要計劃討論、事先摹擬演練、準備道具、安排臨時演員，她現場盡全力放手演出就好。這種討論瑣碎鳥事就我們三人Line群組就好啦，不用去煩她，這事我很有經驗，又不是『第一次』。」

我：「喔，有『經驗』就好，有『經驗』就好。（到底是演過多少齣啊啊啊？

之前的新聞事件都是演的嗎？）」

終於來到正式演出這一天，當天下午我們旗下的醫美診所清空所有客人（避免閒雜人等誤事），醫療人員同仁也僅留下需演出的角色。

現場名嘴番茄就如一般客人於醫美診所「進廠保養」，當天由我們剛結婚不久的莊醫師為名嘴番茄親自實際施作淨膚雷射及填充蘋果肌（玻尿酸），在療程進行中，名嘴番茄臉上還有血跡及瘀青的狀態下，突然診療室衝進一位女性甩了名嘴番茄一巴掌，莊醫師見狀非但沒有安撫處理，甚至直接逃離現場。名嘴番茄不甘示弱用力扯了這位不知哪裡跑來的女人頭髮，這女人大叫隨即大哭：「妳這個賤女人憑什麼跟我搶莊醫師！妳長這樣憑什麼！啊，妳竟敢扯我頭髮！我今天就要妳死！啊啊啊，妳竟然打我肚子！」

名嘴番茄：「妳才哪來的瘋女人！明明是妳莫名其妙甩了我一巴掌，而且還打到流血、瘀青！居然出手這麼重，太可惡了！妳知道我是誰嗎？啊啊妳居然拿皮包打我！啊啊好痛！救命啊救命啊！莊醫師你死到哪裡去，快給我回來！啊好痛！救命啊！」

此時購物台皇后跑進診療室推了這位不知哪裡跑來的女人到牆角，三人打成一團，非常火爆、拳拳到肉！拉扯間還弄斷、扯飛了容易吸收黑色素的淨膚雷射光纖探頭！（不是只是演戲嗎？這台機器三百多萬欸！我的天啊啊！）

現場很詭異，有人一直用手機拍照甚至錄下發生的所有畫面。基於醫療法第廿四條規定：「醫療機構應保持環境整潔、秩序安寧，不得妨礙公共衛生及安全。為保障就醫安全，任何人不得以強暴、脅迫、恐嚇、公然侮辱或其他非法之方法，妨礙醫療業務之執行。醫療機構應採必要措施，以確保醫事人員執行醫療業務時之安全。違反第二項規定者，警察機關應排除或制止之；如涉及刑事責任者，應移送司法機關偵辦。中央主管機關應建立通報機制，定期公告醫療機構受有第二項情事之內容及最終結果。」

由現場護理同仁表達這裡是合格醫療機構，用手機拍照、錄影觸犯病人隱私，制止這樣的行為；然而這位用手機拍照、錄影的人說：「我就是這裡的病人啊，我自己拍自己想拍的畫面不行嗎？」

護理同仁：「不好意思，就是不行！啊妳不可以這樣擾亂就醫安寧！」

用手機拍照、錄影的人說：「哈哈，我是週刊記者，居然發現名嘴番茄、購物台皇后是小三、小四，私生活混亂，正宮一次ＫＯ，私刑教訓名嘴、購物台皇后！這標題可以作封面頭版啦，太精彩了！哈哈！」

名嘴番茄：「好了啦！好了啦！啊痛死我了！拍到了沒？錄到畫面了沒？啊我脖子都是血！護理同仁在幹嘛，還不幫我止血！看夠了沒？好痛！我待會晚上還有一場飯局，怎麼見人？痛死了！」

現場像是打過仗一樣，醫療器材散落滿地，留下我及現場同仁收拾殘局。原本估算需要動用到我們家的儀器、耗材，林林總總這些「道具」加起來要廿多萬元（這還不包括演這齣戲當天下午清空客人停診的損失）；現在又加上淨膚雷射的光纖探頭毀損，原廠報修不知還要多少？淨膚雷射光纖探頭送修，這段時間無法使用這台醫療儀器的客戶使用、回診，這損失誰要賠？這場鬧劇，得利的是誰？心在滴血……

隔了幾天，週刊封面頭版標題寫了：「名嘴番茄介入名醫家庭，購物台皇后見義勇為助脫離正宮追殺。」名嘴番茄在四人Line群組丟出刊登的報導並發言——

名嘴番茄：「欸欸欸欸，新聞出來了！我一直很不爽為什麼沒有按劇本演這齣戲？購物台皇后妳為什麼那天跑進來搶戲？劇本有妳嗎？」

購物台皇后：「唉呦！還不是看妳被打成這樣，我不忍心真的鬧出人命好嗎？而且我只有出現一下下而已。」

名嘴番茄：「一下下而已？嘖！一下下而已就登上週刊的封面頭版標題？妳是不是有偷塞錢給那位記者？這記者是我找來的欸！妳這臭三八居然陰我！被打也是我！妳給我說清楚，不然我要開記者會澄清！」

購物台皇后：「唉呦！我哪有塞錢給那位記者啊！不然妳去問她。我哪知道我會上週刊的封面頭版啊，我真的是因為那位臨時演員（女人）出手太重，怕妳有意外，就出手推她到牆角。」

名嘴番茄：「我有准妳這麼做嗎？我有准妳這麼做嗎？（怒怒怒！）」

購物台皇后：「好了啦！好了啦！順利刊登了啊！這不是我們要的目的嗎？週刊的封面頭版欸，好久沒上頭條了欸！Yahoo娛樂新聞也放在網站首頁，這要是買廣告不知道要花多少錢……。要感謝黃仲立醫師跟惠中的幫忙準備器材，我們三人在Line群組非常認真研究討論如何進行演這齣戲。」

名嘴番茄：「什麼！你們居然有三人Line群組！你們這些人在背後說我什麼壞話怕我知道？我就知道這次我被你們耍了，還被打到鼻青臉腫！你們居然另有三人Line群組專門對付我！我太難過了！不用再聯絡了！我要開記者會澄清！（名嘴番茄已退出四人Line群組）」

我：「現在是什麼情形？」

購物台皇后：：「惠中你要不要私下去幫忙講一下啊？關心她一下。我們三人Line群組就是怕她討論／準備這種瑣碎鳥事，你惠中也在裡面，我們哪有說她壞話？開所有三人Line群組對話給她看啊，我們很用心幫助她現場盡全力放手演出欸，唉，好心給雷親。」

黃仲立醫師：「名嘴番茄打電話給我，我先安撫她一下。」

我：「好，我再看狀況如何跟番茄說；但應該再晚一點聯絡，這時候她一定還在氣頭上。」

到了晚上，約莫十一點五十分，我回到家剛洗完澡，正要坐下休息，Line電話突然響起。

名嘴番茄：「你們三人為什麼在背後說我壞話？（哽咽聲）」

我：「沒有啊，就方便討論事情而已。」

名嘴番茄：「方便討論說我壞話的事事事事事事事？（大聲尖叫）你們居然聯手算計我！我還被打成這樣……（哽咽聲）」

我：「（現在是怎麼回事？）番茄姐，妳聽我說……」

名嘴番茄：「我不要聽！我不要聽！黃仲立醫師也承認你們在我背後討論說我壞話（哽咽聲），我們這個星座（她真的這麼強調；但由於曝光她的星座，大家就知道我所指何人）最・容・易・受・傷・了（放慢哽咽聲），我們這個星座最常被身邊的人下……毒……手！（放更慢啜泣聲）」

我：「（不是已經戲劇散場了嗎？）我們完全沒有要對付妳的意思……。所以番茄姐現在打電話給我是？（翻白眼）」

名嘴番茄：「什麼！你們就是在對付我！我・就・知・道！而且說好了莊醫師要入鏡被抓姦，為什麼現場他竟然落跑！現・場・竟・然・落・跑！留下我被打（哽咽）我恨！我・就・知・道！你們要我！（大叫）」

坦白說，一來時間晚了，我習慣睡前念書；再來發現名嘴番茄很會接別人的話來形塑自己成為「被害者」，根本就不是理性來討論事實，而且明明很多發生的事不就是她自己一手策劃的劇本？倒果為因怨人對她下手，這人是哪裡有問題？要旁人一直配合生出「新聞」（演不完的戲）？我顯得有些不耐煩。

我：「欸大小姐妳夠了沒？妳要不要聽人說話？不想聽就不要講了！莊醫師就是我叫他不要入鏡，人家莊醫師還年輕而且有穩定的對象了，配合妳這演出他還要不要做人？他在我們家診所執業看診，客人會怎麼看？有什麼好處啊？」

名嘴番茄：「你這個『公關』怎麼這麼沒禮貌，竟敢這樣跟我說話……（怒）。」

我：「怎樣？妳到底有完沒完！難怪形象這麼差！瘋女人！」

名嘴番茄：「你……竟竟竟竟竟……敢．罵．我！（尖叫）我明天就開記者會弄死你！我認識一堆記者你又不是不知道！弄．死．你！（抖）還有竟敢罵我瘋女人，我要告．死．你！告．死．你！哈哈妨害名譽！告．死．你！」

我：「誰怕誰啊！瘋婆子就瘋婆子！搞清楚我是誰！（掛電話）」

職場碎碎念：「聽說」是很不負責的開場白

認識我十五年以上的人才會知道，我從學生時（那時還沒那麼多網路媒體）就開始在各大平面媒體寫社論、健康、人權議題，四百餘篇的專欄，最重要且引發社會各界討論的文章主要在《民生報》、《聯合報》、《自由時報》、《蘋果日報》、《天下雜誌》等主流紙本報章媒體，也因此瞭解媒體生態，也認識了不少記者朋友，至今仍保持聯絡。

許多記者朋友現今已經是媒體的高階主管（喔，有些人擔任政務官或民意代表了）。在那時幾乎沒人在乎的傳染病議題、病患人權、醫療法律、性別人權，主流紙本報章媒體願意給我整版或半版說明，甚至未曾修改我的文字，也未提出什麼該寫、什麼不能寫，讓我感受到台灣主流紙本報章媒體堅持的言論自由。

感謝所有願意刊登的報章媒體給我為弱勢發聲的機會，謝謝媒體主管、主編當時沒有嫌棄我年輕。然而《蘋果日報》的命運，其實與香港人的命運一樣，都同樣失去言論自由；正因為如此，我更要支持台灣的報章媒體，感謝台灣還有言論自由。

也許妳不喜歡黎智英，也許你非常不喜歡《蘋果日報》，但這就是言論自由，名嘴番茄也享受她的言論自由。

所以我很早就能夠理解媒體本身有其喧嘩的特質，特別是我們處於重視媒體

「表演」的年代，全世界都一樣，特別是極權國家。

名嘴番茄操作媒體甚至不惜犧牲自己的形象保持「聲量」，瞭解媒體運作的人應該都看得出來。因為總有「觀眾」好奇想看，卻無能力判斷。

表演過了頭，為什麼「觀眾」還看不出來？表演過了頭，也許就是因為有不少「觀眾」。

媒體，我並不陌生；法律，我更不陌生。

我確實在那次電話中罵了名嘴番茄「瘋女人」，為什麼名嘴番茄要告我刑法「妨害名譽罪」我還理直氣壯？我們先看法條如何規定：

中華民國刑法第三〇九條：「公然」侮辱人者，處拘役或三百元以下罰金。以強暴犯前項之罪者，處一年以下有期徒刑、拘役或五百元以下罰金。

中華民國刑法第三一〇條：意圖「散布於眾」，而指摘或傳述足以毀損他人名譽之事者，為誹謗罪，處一年以下有期徒刑、拘役或五百元以下罰金。散布文字、圖畫犯前項之罪者，處二年以下有期徒刑、拘役或一千元以下罰金。

對於所誹謗之事，能證明其為真實者，不罰。但涉於私德而與公共利益無關者，不在此限。

簡單說，妨害名譽構成要件如下：

一、公然侮辱罪：「公然」是指可以讓不特定第三人共見共聞，而對他人做出侮辱人格或名譽的言行，公然侮辱不限於言語，若對他人潑水也可能有公然侮辱的構成。

二、誹謗罪：指摘或傳述特定行為，足以毀損他人名譽，且須有故意散布於眾的意圖，即成立誹謗罪。按所謂意圖「散布於眾」係指行為人係為分散傳布於不特定人或多數人之目的而行為，但不須達眾所周知之程度。（臺灣臺北地方法院刑事判決一〇〇年度易字第一一五二號）；但若為與公共利益有關之事實，可受公評者不在此限。

我那次電話中罵了名嘴番茄「瘋女人」，「公然」了嗎？有「散布於眾」讓不特定人或多數人知道名嘴番茄是「瘋女人」了嗎？明明電話中只有我兩人聽到，根本就不符妨害名譽構成要件。況且，我也不是沒有媒體資源，開記者會只會讓「表演」事實曝光，這樣誰比較難堪？

說要開記者會？沒有；說要告我？也沒有。坦白說我正想看名嘴番茄如何繼續「表演」，卻沒有了。

言論自由如何估價？多少人犧牲生命，才有今天的言論自由，當然是無價之寶。

然而台灣所謂的「名嘴」，把言論自由大賤賣，論節、論次出售，賣狠辣、賣歪曲、賣偏執，賺取聲名及利益、將新聞當作製造業「表演」，淪為名嘴賤賣的言論自由。

名嘴常標榜人民有知的權利、新聞有媒體自由，口中噴出的卻是違反道德甚至是法律言論，某種程度就是假消息的加工散布者。偏偏假消息都有真實的成分，經過高明的煽風點火，總有人當真了！偏偏智者太少，假消息才會橫行無阻這麼久。

假消息得以穩穩地傳遞，往往不是因為它具有真實性，而是它徹底利用了閱聽大眾不假思索的惰性，成功地煽動閱聽眾的情緒與恐懼。歧視訊息傳遞的用意，從來都不是要好好瞭解。當「真相」多加了一點，就不是「真實」的意義，更不想協助大眾正確瞭解議題，而是讓恐懼煽動大家一起不明就裡的起鬨，本質上就是惡意破壞社會秩序。

我多次公開表示：「如果你／妳沒瞎，就別從文字認識任何人；如果你／妳有腦，就別從別人斷章取義的對話截圖認識我。如果你／妳認識我本人，可以直接來求證。『聽說』，是種很不負責的開場；『聽說』，像把不經意戲謔的刀。『謠言止於智者』不是光說不用大腦；大腦應該是人體的基本配備，不是選配；大腦就是讓人判斷誰在胡說八道。」

名嘴卻藉言論自由若為權勢者服務，根本就是仿冒的假貨，更是嚴重墮落。名嘴加工散布歪談亂爆料，傷最大的是媒體公信力，求真求實的新聞倫理已遭大破壞，怎能期待民眾有能力判別誰在演戲、誰在胡說八道？

六、女名嘴大鬧診所

接續前章節事件……

那年夏天，一位讓人尊敬的長輩陳立宏（資深記者、政論節目名嘴、廣播節目主持人）因癌症病逝於台北榮民總醫院，告別式於同年七月於台北市立第一殯儀館景行廳舉行。

那天，下著雨的週末，許多朋友也都到場送別，總統也默默到場慰問家屬、致意。

那天，也瞥見名嘴番茄在現場。由於當時場合肅靜，而且分隔距離的關係，沒有機會交談，也不該交談。

告別式還未結束，名嘴番茄就先離開現場，因為現場來了一位名嘴番茄的死對頭名嘴蘋果（化名），而且還互告、鬧上媒體版面。

這難道也是演戲？名嘴番茄先離開現場，也許就是答案。

當天中午與幾位媒體朋友簡單吃個飯後，我臨時決定到我們集團其中一家診所分院巡視，順便看看現場的狀況（就同仁的感受，這叫作「突擊檢查」），畢竟這是我的工作，工作本來就要經得起別人的檢查，做到最起碼的要求。

蘇醫師：「楊總，名嘴番茄現在在我們診所欸，你是來找她？」

我：「欸不是，欸我才剛在第一殯儀館告別式場合見到她，我不知道她也會來我們這一家診所。」

蘇醫師：「（奸笑）楊總，名嘴番茄她一直叫你『公關』欸，你怎麼變成『公關』啊？你有在做『公關』？」

我：「我就是陪名嘴番茄到服飾店試穿衣服、提包包，怎麼樣？我的工作確實很像『公關』，沒有什麼好奇怪……。她來幹嘛？我早上才見到她欸。」

蘇醫師：「她說要處理淚溝的問題，我剛幫她打（填補）淚溝了，兩支小分子玻尿酸……，這費用要怎麼處理？」

我：「她來幾次了啊？我原本都是安排她去我們A醫美診所欸，先前都是莊醫師幫她服務，怎麼都沒讓我知道她也會來我們B診所？我要被B診所的投資人罵死了！」

蘇醫師：「她第一次來。那這次費用要怎麼處理？我剛已經幫她打（填補）了。」

我：「蘇醫師你的提成（技術費）還要收嗎？還是蘇醫師你要幫忙付兩支小分子玻尿酸的錢？總共多少錢啊？」

蘇醫師：「二萬四千元。」

我：「天啊，我真的會被B診所的股東們罵死，這A、B兩間診所的股東組成不一樣，她是A診所要照顧的客人啊。」

蘇醫師：「那怎麼辦，都打（填補）在她臉上了，退不了了。」

我：「會計來找我請款，不然怎麼辦？下次要做這種前就先知會總部……，不然你們不會拒絕嗎？哪有想做什麼療程就做什麼療程啊，我們這又不是自助餐！（而且還是免費的自助餐！）而且醫療本身都有風險，不是想做什麼就做什麼，又不是買菜！天啊！……（小聲）喔她走過來了。」

名嘴番茄：「唉呦，你果然很會做『公關』嘛，連告別式也要去做『公關』，你到底去幹嘛？」

我：「就是參加告別式。」

（不然誰沒事去殯儀館？）

名嘴番茄：「你去參加告別式？你怎麼會去陳立宏的告別式？人家是資深記者、政論節目名嘴欸！」

我：「陳老師的家人有寄訃聞給我，我就按上面的時間、地點出席；剛中午還跟幾位媒體朋友一起簡單吃個飯。」

名嘴番茄：「陳立宏的家人怎麼可能邀請你，你什麼『咖』啊？果然很會做『公關』嘛！欸欸欸對了，你怎麼會出現在這裡？」

我：「這是我們家診所啊，生醫集團旗下另一醫療品牌。番茄姐沒發現妳先前常去的A醫美診所跟這診所都有一個字相同，我們生醫集團的名字也這一個字，基本上網路搜尋這個字就會查到我們家相關品牌，我先前給妳的名片上面有我們所有旗下品牌。」

名嘴番茄：「喔，我居然沒想到！蘇醫師來上我們節目訪談，我就跟他說很想『進廠保養』，看能不能幫我處理處理一下。」

我：「可是原本不是都安排番茄姐去我們A診所嗎？不喜歡嗎？還是不習慣？」

名嘴番茄：「不會啦，我都有去啊，既然認識了蘇醫師，就也來弄一下。蘇醫師說他們老闆會買單，我就放心了。……喔你們家這麼多間喔，真了不起！難怪需要你『公關』、『公關』！哈，你還蠻適合當『公關』啊，是不是那種『公關』（牛郎）啊？哈！何時再陪我試穿衣服、提包包？哈！」

（誰說老闆會買單……，老闆會很不爽吧！我自己還不如去當「公關」！）

名嘴番茄：「對了『死公關』，你上次罵我『瘋女人』我還沒跟你算帳！我要告．死．你！（超大聲）弄．死．你！（更大聲）王八蛋的『死公關』！」

我：「去告啊，（小聲）不要把我的名字寫錯喔。」

名嘴番茄：「太囂張了！我要讓你跑法院！（超大聲）王八蛋的『死公關』！」

我：「（小聲）喔，我個人是不怕上法院啦。」

名嘴番茄：「你這王八蛋！死『公關』！有夠囂張！（怒甩名牌包）我先前就告贏過名嘴蘋果，告妨害名譽我超級有經驗啦！哈，我有好幾位御用律師讓我使喚，怕了吧！」

我好怕喔，居然有御用律師！御用律師該不會是我同學吧。

我：「名嘴蘋果也在我們A診所保養喔，她有聊過妳，講過妳們……之間的事喔。」

名嘴番茄：「她講我什麼！她講我什麼！（尖叫）」

我：「番茄姐，這裡是合格的醫療院所，醫療機構要保持環境秩序安寧，妳這樣是現行犯欸；而且客人都在看妳欸，也都聽到妳罵我囉（使眼神）。」

名嘴番茄：「拜託！我也是『高．級．知．識．分．子』（放慢速度強調）！哪有違法啊，我又不是不懂法律！（拎名牌包）倒楣得要死，居然被這種『咖』的人欺負，王八蛋！我們法院見！」

我：「番茄姐，上次我們電話通話已經七個月前的事了欸，妳跟妳的律師確認一下喔！（鞠躬）」

名嘴番茄：「我一定告到底！我們法院見！我有御用律師！我找記者來！哈！哈！哈！哈！」

誰比較囂張？兩支小分子玻尿酸的錢誰買單？沒有人感謝還被大小聲！

留在B診所現場一陣子，交代現場剛剛發生的事涉及醫療法的問題，提醒應保障就醫安全，任何人不得以強暴、脅迫、恐嚇、公然侮辱或其他非法之方法，妨礙醫療業務之執行。醫療機構應採必要措施，以確保醫事人員執行醫療業務時之安全。

果然，每次臨時到各分院巡視（突擊檢查），都會發生、發現一些事。好像從來沒有「沒事」離開；職場上充斥一堆「鳥事」，還被恫嚇被告，我才倒楣得要死。

職場碎碎念：法律何嘗不是一種火？

曾幾何時，律師變成壓迫人的工具？律師還是有嚴格的律師倫理。

作為專業法律人的核心之一：律師，在現代法治社會中，扮演重要角色，已不言而喻。律師執業的品行、操守以及相關規範自亦日漸受到重視，不是受人所託御用律師就可以想怎麼做就怎麼做。

律師倫理，不僅僅是律師自治團體之內規或律師自律之行為規範，且作為規範律師執業過程中所應遵守之相關行為準則依據，並對於違反該準則時施以強制力之制裁。

律師法第一章（律師之使命）第一條：「律師以保障人權、實現社會正義及促進民主法治為使命（第一項）。律師應基於前項使命，本於自律自治之精神，誠正信實執行職務，維護社會公義及改善法律制度（第二項）。」第二條：「律師應砥礪品德、維護信譽、遵守律師倫理規範、精研法令及法律事務。」

對我來說，法律是用來保護自己，而不是成為攻擊人的工具。動不動將「告人」這樣的口吻放在嘴邊，誰敢真心或者應該說「放心」跟這樣的人交朋友？其實我有點好奇，名嘴番茄是否有閨蜜／好朋友？

我自己是不是在表達法律立場，讓人感受到壓力？刻意要讓對方有壓力，某種程度是法律的本質；但非本意呢？

"Never hate your enemies. It affects your judgment." *The Godfather*

「永遠不要恨你的敵人，那會影響判斷。」《教父》

有人說：「法律的本質是藝術，不是科學。」關於法律的本質，普遍的觀點認為是統治階級統治的工具。

那麼，一般人知道如何用火嗎？火可以取暖、煮食，也會傷身、滅地。

法律，何嘗不是一種火？

醫療法第廿四條：醫療機構應保持環境整潔、秩序安寧，不得妨礙公共衛生及安全。為保障就醫安全，任何人不得以強暴、脅迫、恐嚇、公然侮辱或其他非法之方法，妨礙醫療業務之執行。醫療機構應採必要措施，以確保醫事人員執行醫療業務時之安全。違反第二項規定者，警察機關應排除或制止之；如涉及刑事責任者，應移送司法機關偵辦。

以上是俗稱「醫鬧罪」，任何人在醫療機構大吵大鬧、隨意亂拍攝、隨意進出診間／手術房等區域、影響環境整潔或秩序安寧……，都觸犯醫療法及刑法，這都可以移送偵辦，立法目的就是為了保護醫護同仁執業尊嚴與醫療環境秩序安寧、安全。名嘴番茄在醫療院所大聲呼天搶地，其實就符合醫療法第廿四條的（觸法）構成要件，而且是破壞醫療機構秩序安寧的現行犯。

如果只是「兩人私訊」的一時情緒性對話，當然不會成立刑事「公然」侮辱罪，也不會構成民事「侵權」行為，因為根本沒有「損害」。若執意提告的人不是太閒就是濫用司法資源（法官／檢察官可沒這麼閒），甚至我們可以告發社會秩序維護法的行政罰，讓警察去開罰單。

妨害名譽構成要件需是「公然」讓不特定第三人共見共聞，我那次電話中罵了名嘴番茄「瘋女人」，明顯不符「公然」要件，所以我老神在在。

可是名嘴番茄在醫療院所、眾目睽睽之下多次罵我「王八蛋」呢？罵我「死公關」呢？甚至賞人耳光也是觸犯妨害名譽罪，法院已有不少判決。

刑事犯罪的追訴可以區分為「告訴乃論」及「非告訴乃論」之罪。「告訴乃論」顧名思義，就是要提出告訴後，才能符合訴追（法律上指檢察官或自訴人向法院提起訴訟，請求法院對刑事被告於調查犯罪證據，公開言詞辯論後，依法科以刑罰的行為）的條件；換句話說，在「告訴乃論」的罪名中，如傷害（被人故意打傷）、過失傷害（被人不小心給弄傷了，最常出現在車禍案件中）、公然侮辱（被人罵三字經）等案件，若沒有人提出告訴，即使犯罪的人罪證明確，檢察官也無法起訴這個人。

刑事訴訟法第二三七條第一項規定：「告訴乃論之罪，其告訴應自得為告訴之人知悉犯人之時起，於『六個月內』為之。」其中「得為告訴之人」就是指可以提出告訴的人，那誰是可以提出告訴的人呢？刑事訴訟法第二三二條、第二三三條的規定，一般告訴乃論之罪，可以提出告訴的人有被害人（依實務的見解，限縮在直接被害人才可以，間接被害人則不行）、被害人的配偶、未成年人的法定代理人（通常是父、母親）；又若被害人死亡的話，被害人的配偶、直系血親、三親等內之旁系血親、二親等內之姻親或家長、家屬則可以提出告訴（但是若被害人生前有明示反對的意思，則無法提告）。

所以我說：「番茄姐，上次我們電話通話已經七個月前的事了欸，妳跟妳的律師確認一下喔！」事實就是超過六個月的時效了啊，要告什麼？所以我一樣老神在在（這是很基本的法律常識吧，「高．級．知．識．分．子」應該知道吧）。

經蘇醫師一提，名嘴番茄好像真以為我是「公關」；然而縱使是「公關」，是否可以無上限被戲弄、被嘲笑？而不可以認為這就是惡意，被欺負就該視為是正常？確實我的工作很像「公關」，需要拋頭露面，需要出席正式場合，需要參加社交活動維繫人脈，瞭解外界動態、找機會合作。

縱使是「公關」也應該被尊重，畢竟「公關」可不是人人可當，外在條件總有基本門檻吧！

七、女明星狀況外惹事

接續前章節事件……

某一天，我們辦公室行銷同仁小誣慌慌張張跑到我辦公室，手抖著拿了一張警告意味明確的律師函，並要求五十萬元肖像權、智慧財產權、名譽權受侵害賠償，問我該怎麼辦？

我：「這怎麼回事？」

小誣：「就我看到《蘋果日報》影劇版報導女明星柳丁（化名）變瘦的新聞，就轉貼到我們臉書粉絲團……」

我：「你轉貼的內容讓我看一下。」

小誣：「楊總，就是你審過的文案。」

我：「我審過是直接轉貼影劇版報導女明星柳丁變瘦的新聞，沒有叫你再加油添醋加註『若蝴蝶袖再瘦一點會更漂亮』。難怪人家很不爽啊！」

小誣：「那現在該怎麼辦？」

我：「不用理它。」

小誣：「不用理它？律師函要求五十萬賠償怎麼辦？上面還說限三天內回覆。」

我：「我不想理它。哪有這樣就要賠錢啊，強盜啊？」

小誣：「喔，好。」

其實我感覺得出來，小誣怕的是工作不保；怕的是這事起因是自己加油添醋加註造成公司需要賠償，甚至是自己要連帶賠償。坦白說，我不想處理是因同仁闖禍卻常常要上面的收拾，而且還是違背指令，這樣公司為什麼要扛？不想處理，就放任這事該怎麼辦就怎麼辦！

幾天過後，我們辦公室的律師事務所的陳律師接到一通電話，接沒幾分鐘就轉到我的電話分機；然而我並沒有接聽。

我：「這是誰啊？要幹嘛？」

陳律師：「女明星柳丁的經紀公司委託的李律師來電。」

我：「這你回應不就好了？」

陳律師：「對方律師要求五十萬賠償，問我們準備好了沒有？」

我：「這你處理就好了。」

陳律師：「我剛瞭解後，已經不是『法律』能夠處理的事。」

我：「（有點不耐煩）喂，您好！」

李律師：「（口氣兇悍說話急速）我是女明星柳丁的經紀公司委託的李律師，前幾天有正式寄送律師函給貴單位，我們知道貴單位確實有收到律師函，因為我們有收到貴單位雙掛號的送達回執，貴單位惡意不做任何回應，我們……」

我：「（有點不耐煩）李律師，您好！所以是經紀公司要主張五十萬肖像權、智慧財產權、名譽權受侵害賠償嗎？」

李律師：「（說話突然慢了下來）是……，我這邊已經經紀公司合法委任，貴單位若不願賠償五十萬，我這邊就逕自提起進入法院訴訟。」

我：「喔，李律師！李律師！你先去問一下經紀公司老闆的意見，是不是真的要提告？」

李律師：「咦？我這邊確實已經合法委任了……（話說更慢，小聲）。」

我：「去問一下老闆嘛！我們又不是不付錢！女明星柳丁若可以來我們今年尾牙表演也很好啊！」

李律師：「啊？女明星柳丁的經紀公司有正式委託。」

我：「去問一下老闆嘛！去問一下到底想怎麼樣啦！」

李律師：「好。」

事情我就擱著不想管了；但小誣顯得坐立難安，知道自己闖禍了，五十萬的賠償，薪水要賠上好幾個月，我聽見小誣跟同事討論著……。若問我會不會擔心？我會，尤其是擔心品牌形象有傷；當然錢也是一大負擔。人在江湖飄，哪有不挨刀？

剛李律師那通電話應該讓小誣接聽，分擔被責難的負擔。但沒這麼做是預料，若讓小誣接聽，小誣應該會承受不了這種被咄咄逼人，很有可能會當天提離職。

就算提離職，連帶賠償還是要一起擔，事實已發生的行為不會因離職而滅失，不是嗎？

幾天過後的一個晚上，好久不見接到一則Line訊息：「現在方便電話說話嗎？」

我：「可以啊。」

演藝圈天王：「唉呀唉呀！小朋友真是不懂事啊，搞不清楚狀況，太沒教養了！太沒教養了！你知道我講哪件事吧？」

我：「哈！知道！知道！果真就是我猜想的那樣，天王哥，好久不見啊！」

演藝圈天王：「沒事沒事！李律師律師函的事就不要介意啊，小朋友真是不懂事啊！」

我：「我是有跟李律師說，我們可以邀請女明星柳丁來我們今年尾牙表演，還有……」

演藝圈天王：「太丟人了啦！搞不清楚狀況！惠中這週五晚上有沒有空？見面吃個飯吧，來跟你賠罪，太丟臉啦！」

我：「好啊，好久沒見面聊聊了！」

演藝圈天王：「這週五晚上七點半老地方見，我看那天要找誰一起聊聊，記下來囉。」

我：「好的！好的！」

週五晚上七點半老地方，這家是天王哥在演藝圈的好兄弟開的餐廳，一般民眾會去消費用餐，很大的原因是可以撞見明星在餐廳內用餐，或者某某藝人親自端菜上來跟客人聊個幾句。但演藝圈天王要談事情固定在地下室某個酒窖後的另一私人收藏空間，甚至裡頭有數張經典復古的理髮椅，髮型設計師會到這地方為演藝圈天王試造型，算是一個實驗的祕密基地，空間頗大。

而我，習慣早到熟悉現場，因為我知道並不是只有吃個飯。一到現場，演藝圈天王正在試新造型，廚房陸續將食物端上酒吧區，待會我們用餐。

演藝圈天王：「惠中，你先坐沙發吃點東西，我有約名嘴番茄一起來吃飯聊聊。」

我：「喔！番茄姐會一起來吃飯啊，好啊。」

講著講著名嘴番茄也從酒窖後推門進來，看到我坐在沙發上。

名嘴番茄：「欸欸欸，王八蛋『死公關』，你怎麼會在這裡？你來幹嘛？」

我：「天王哥找我來吃飯。」

名嘴番茄：「找你來吃飯？（不屑眼神）」

演藝圈天王：「啊！抱歉抱歉，趁機來試新造型。啊！番茄妳應該見過惠中，他們家好幾位醫師上過我們的電視節目。」

名嘴番茄：「我知道啊，就『公關』嘛！他真的還蠻適合當『公關』啊，長這個樣子很乖都會陪我去逛服飾店、幫我提包包，哈！今天是他來當牛郎陪老娘我喝酒嗎？哈！哈！（用力捏我耳朵）」

演藝圈天王：「欸……，惠中是生醫集團總經理，我們談論醫療、健康、美容、整形的電視節目就是生醫集團跟我一起合資製作，妳當節目主持人應該知道，妳的主持費、薪水就是生醫集團支付啊。」

我：「喔，第一次見面我就有親自遞上名片，並介紹我們家所有旗下品牌給番茄姐。」

名嘴番茄：「啊啊！我知道啊，我有去過他們家A診所。」

我：「番茄姐，番茄姐，那個字是這樣念的，我們名片上有介紹這個字，基本上網路搜尋這個字就會查到我們家所有相關品牌，我先前給妳的名片上面有我們所有旗下品牌。」

名嘴番茄：「啊啊楊總！我剛開玩笑，開玩笑的啦！（倒酒）」

演藝圈天王：「妳沒對人不禮貌吧？（瞪）」

名嘴番茄：「怎·麼·可·能（拉長音）！我們這種知識分子，怎麼會對人不禮貌！」

演藝圈天王：「妳最好學歷有比人家高（瞪）。」

我：「其實是我很不會說話啦，所以常常偷偷學習番茄姐的『說故事』的功力。一件很稀鬆平常的事，總是從她口中變成生動、精彩、緊張刺激、懸疑處處挑戰人性。」

演藝圈天王：「妳不要跟女明星柳丁一樣搞不清楚狀況，到後來要我收尾。」

名嘴番茄：「女明星柳丁怎麼樣？她幾次上我們這節目，收視率很不錯啊。」

演藝圈天王：「收視率是很不錯啊，就是因為效果很好，楊總他們就將女明星柳丁上我們這節目變瘦的新聞轉貼到旗下的診所臉書粉絲團分享，女明星柳丁的經紀公司竟然委託李律師發律師函要求五十萬肖像權、智慧財產權、名譽權受侵害賠償……。真是太丟人了啦！經紀公司居然搞不清楚狀況！這節目就是生醫集團跟我一起合資製作的啊！而且妳的主持費、薪水跟女明星柳丁歷來的通告費都是生醫集團支付，實在搞不清楚狀況！女明星柳丁被我臭罵一頓，我跟她明說我們經紀合約走完就不再續約，不然一天到晚在外惹事生非還騙錢恐嚇，這樣對我的形象有傷；

而且生醫集團本身就有法務單位，李律師以為在嗆一般民眾，我們經紀公司主管也都被我臭罵一頓，小朋友真是不懂事，搞不清楚狀況！太沒教養了！」

我：「別氣！別氣！其實我一開始就絕對不相信是天王哥的意思，所以跟李律師說『可以邀請女明星柳丁來我們今年尾牙表演』或再跟經紀公司的老闆，也就是天王哥您再確認一下……，沒事！沒事！」

名嘴番茄：「天啊！女明星柳丁怎麼這麼白目啊！真是有眼不識泰山！這樣就要求五十萬賠償，搶劫啊！我每次下節目都還請楊總跟醫師們吃飯，認真討論節目話題腳本……」

演藝圈天王：「好了，番茄妳先回去，我要跟惠中私下談一些事。」

名嘴番茄：「好，這頓飯我請客喔！」

演藝圈天王：「不用了，原本安排妳去我投資的A診所，妳居然都跑去B診所騙吃騙喝打了一堆玻尿酸、音波雷射有的沒的已經卅多萬！妳知道B診所的背後老闆是誰嗎？就是剛十年有期徒刑出獄的黑道團體前會長，這事我還沒跟妳算帳！

到我投資的A診所就算了，妳居然跑去B診所那邊白吃白喝，太誇張了！我還親自去跟前會長賠罪又幫妳結清所有療程費……，妳請這頓飯就打平囉？妳就直接回去吧。（瞪）」

名嘴番茄離開後，整個空氣就像凝結，安靜了數分鐘。我似乎嗅到天王哥這天約見面吃個飯，接下來才是「正事」要談，依照我的法律人的經驗判斷。

演藝圈天王：「就這樣吧，這電視節目就乾脆收掉吧，惠中你怎麼看？」

我：「可是跟番茄姐、來賓、電視台攝影棚……還有一些已簽的合約該怎麼往下走？」

演藝圈天王：「我們再確認一下合約，你幫忙一下如何收尾。」

我：「好，可是我唯一考量的是她／他們沒了工作。」

演藝圈天王：「這不是你要考慮的事，畢竟我是這節目過半股份的投資者，我要怎麼做就怎麼做，你將這想法帶回去跟黃院長說，就這樣吧！」

我：「好，保持聯絡。」

職場碎碎念：災難的源頭都是自己點燃的火

對所有人謙虛，是種安全；對所有人保持友善，也是種安全。

突然想起一位教會弟兄，這位弟兄是企業第二代接班，職稱跟我一樣都是總經理，傳統製造業。每次聚會完，大家一起去用餐，這位弟兄都會跟我聊企業經營事。言語中有許多指導，雖然不是相關產業，一些管理技巧及管理者心態調整確實可從中學習。但總是我在聽，他在聊，甚至言語中常常有貶抑、輕視的意思，眼神睥睨。坦白說，這樣的聊天方式，我個人有些不舒服，遂在一次打斷這位弟兄滔滔不絕的指導問說：「欸弟兄，你們家工廠一個月發多少薪資啊？我指最多所有全部的人事費用是多少？」

弟兄：「一個月大約八十萬呀。」

我：「喔！我們家全部的人事費用一個月『至少』一千萬。」

弟兄：「一千萬？」

我：「對啊，『至少』，旺季會更高，我們家都是專業技術人員欸，而且我只計算台灣的事業；尚不計海外事業。」

從那次對話之後，每次聚會完，這位弟兄就再也不跟我一起用餐了。我能夠猜測到這位弟兄的尷尬，但其實還是可以彼此分享心得，彼此都是弟兄，不需要躲。

為什麼無知的人往往愛說教？說教者總以為自己比對方懂（不然就不會出現「說教」）。然而，這判斷常常不是出於事實，而是出於低估了對方的學識（某種程度也是高估了自己的程度）。

為什麼我不跟名嘴番茄表明我是誰？就我做人處事，沒有必要一直將職稱掛在身上、嘴邊，這種事在遞上名片時，就應該彼此瞭解、認識，沒有必要一再提醒。況且名片上無法提及所有人際關係資訊，對所有人謙虛是種安全，因為我們不知道這個人在未來是不是有決定性的影響力，特別在職場。

當她是公眾人物、名嘴，我只是王八蛋小公關，誰說話可以比較大聲？

名嘴番茄：「陳立宏的家人怎麼可能邀請你啊，你什麼『咖』？你怎麼會出現在這裡？」

名嘴番茄：「倒楣得要死，居然被這種『咖』的人欺負，王八蛋！我們法院見！」

當知道這種「咖」是支付你／妳薪水的人，講話還會不會一樣大聲？

被說教的人往往陷於聆聽困境，如同噪音單向灌輸。

基於社會權力差異，被說教者常處於「聆聽困境」難以脫離，這讓「說教」這樣的狀態得以順利進行，也讓「說教者高估了自己的能力」、「說教者低估對方學識」和「說教內容沒建設性」的糟糕後果更加擾民。此外，這可以說明為什麼你／妳比較不容易被平輩說教：如果沒有社會權力的差距讓你／妳覺得自己得繼續聽，你／妳會比較容易打斷或離席，說教就不容易維持。

如果我低估你／妳的學識，堅持對你／妳諄諄教誨一些我以為對你／妳有幫助但其實沒有的內容，那你／妳應該十分痛苦；更糟的是你／妳通常不能不甩我，因為我可能是你／妳的老師、老闆、長輩，而你／妳是個遵守社會禮儀的文明人。

恰當的知識能阻止人說教，但我還是認為沒有必要一再強調。因為說教者往往不是特別有知識，而是特別無知，連自己要講的東西對對方沒幫助，說教者他／她自己也不知道。

既然這樣，我們為什麼有必要強調或澄清我們的身分或能力？有時反而藉由別人說明，誰不是文明人，就此顯明。

學歷與「高級知識分子」不相關，並不是念過什麼明星高中、頂尖大學就是「高級知識分子」。尤其是「高級知識分子」這身分，絕對不該自己往身上貼金，因為別人會怎麼看你／妳，這需要一再被檢視；縱使曾經是「高級知識分子」，不代表現在或是未來也可以是「高級知識分子」。

認識名嘴番茄很有趣，因為發現有人可以不計形象讓外界討論，不知道這樣是不是一種癮。

女明星柳丁在幾年前非常非常紅，幾乎不放過所有綜藝節目。就在我寫這本書的這一年，就少有她的新聞（偶爾還是有），非常可惜。當時我很意外演藝圈天王會封殺女明星柳丁；幾年後就我的經驗與感受，明白一個人從大起突然大落，並不是別人的封殺造成，而是自己與人互動的「待人處事」這種非常稀鬆平常的標準不甚注意，整個世界都不願意幫助妳。

尤其是假藉聖旨、偽造上面的意思攻擊人，這種心態、動機就非常可議。對我來說，這樣的人不值得栽培，留在身邊只是會誤事，不宜久留。

對所有人謙虛，是種安全。不要抓到什麼把柄就發律師函威脅別人五十萬賠償金；殊不知，妳搞不清楚狀況打劫正提供妳一個工作機會、幫妳規劃未來的人。

做人永遠別忘了當初帶我們出道、給我們機會的那個人，沒有他／她的接納，大門在哪裡都不知道。即使有一天不再是師徒／共事、縱使他／她後來走下坡，也不該抹黑或嘲笑，因為他／她曾在我們舉目四望徬徨無助時，為我們撐過傘。

妳走下坡的時候會遇到我；我走上坡的時候會遇見你。

不要攻擊想救你／妳的人；夜路走多了遇見神，你／妳為什麼要害怕呢？

八、董事長的「快到了」

在職場工作的關係，認識不少各行各業的業主，董事長有大有小（我指企業規模）；董事長的另一半，大家習慣就叫「董娘」。容再強調，我認識職稱「董事長」的人非常非常多，嚴忌對號入座；也高度建議當事人不需表明自己就是當事人，對號入座這種事，絕對不會「紅」，只會「黑」。

生醫集團旗下眾多品牌／店家，每一品牌／店家的投資人（股東）組成都不一樣，甚至這幾年常常併購一些經營不良的企業／品牌。也因此近來出席社交場合，常常有媒體、企業高層見到我就開玩笑說：「生醫集團現在的本業是『併購』嗎？還『併購』到海外品牌啊！」

我們某一醫療品牌規劃成立之初，有好幾組企業主（不乏上市上櫃公司）有意投資，看好台灣的醫療市場。生醫集團總院長以及其他合夥醫師與我多次討論，最後決定想讓花花董（化名）的事業加入合作。當初看重的點是花花董與董娘雖然都只是小學畢業學歷（那時國民中學還並不是義務國民教育，小學畢業後是需要入學考試才能進入初中。花花董與董娘沒有選擇繼續升學，一定有那時代的原因），但在花花董與董娘齊心努力之下，在台灣已有三百多家小店的規模。合夥醫師們與我都認為我們需要加入我們平常接觸不到的族群，花花董與董娘的三百多家小店同仁也多是國中、高中職輟學生，我們覺得這樣很有意義；尤其在我們生醫集團以專業技術人員組成的醫師、律師、護理師、心理師、醫事檢驗師、會計師、資訊工程師……甚至有多位博士學位同仁，注入新的族群，就能有不一樣的思考方式、刺激新的文化，就遺傳學來說，這是促進演化進度，也能產出更適合生存的新一代。

只有小學畢業／學歷又如何？整個集團不缺高學歷的同仁。三百多家小店的規模，撐起台灣的經濟奇蹟，值得合夥醫師們與我學習管理技巧與品牌經營。

算一算，若每家店平均職員數是五人，三百多家小店就有一千五百人規模。也因此花花董與董娘多次信誓旦旦說：「跟我們合作，光是我們員工消費就忙到不用開發外面的客人啦！我們會幫忙介紹各家店的主管給你們認識認識，賺錢很容易啦！有夠簡單！包你賺死啊！（台語）」

花花董與董娘兩位很特別，一直都沒有任何社交網絡帳號。花花董表示因已婚身分，旗下女性職員也不少，花花董認為沒有必要，這也讓董娘放心。

為了讓總院長以及其他合夥醫師們與我能夠更認識花花董的事業，花花董送了我們他的新書，也就是花花董的自傳生平紀事。封面就是花花董大大的企業家形象照。

我一定會抽空拜讀，認識一下，只有小學畢業／學歷的花花董事長，如何從無到有到三百多家店，光想就值得我們尊敬、學習！

花花董更補充說：「一定要看喔！一定要看喔！全國第二大出版社出版的呦！這本新書讓我媒體邀請不斷，各大節目都要找我訪談，上電視很容易的啦！跟我們合作，要認識明星還不簡單！明星自己都靠過來！立法委員、議員我也認識一堆啦，有什麼事都包在我身上，你們就專心賺錢就好了，賺錢很容易的啦！有夠簡單！賺死啊！賺死啊！（台語）」

就在與花花董與董娘正式簽約我們某一品牌的投資案，當晚花花董與董娘邀請總院長與我到台北市中山區某一老牌飯店的二樓用餐，作為慶祝合作愉快。

然而花花董遲到了，理由是弄頭髮造型拖延「一點」時間（一點就是四十七分鐘）。在當晚席間很詭異地幾乎沒有任何交談，我突然飄過一陣焦慮感，一種陷入騙局的不安全感。

或許我多慮了，畢竟大家都事業忙碌，終於可以喘口氣（累了），各自在飯店安靜用餐。

當我們用餐完，花花董在離開前告訴我：「我們這職業工會在下週五晚上新舊任理事長交接，那天我有事不能去，你幫我去。名片多帶一些，那邊可以多認識人，可以拉不少生意。對啦！你剛好讓某職業工會的人知道我們跟生醫集團合作了，強強聯手！強強聯手！而且跟你們說喔（小聲），下一屆理事長內定就是我，我一定會照顧你們的啦！跟我們合作才有這種好康（好處）！一起大賺錢！賺錢很容易的啦！賺死啊！（台語）」

我：「太感謝花花董了！我們就是需要認識更多不同產業的人！太感謝花花董了！這三百多家店就拜託花花董與董娘幫忙布達張貼我們這新品牌的海報（廣告）了，以後要多靠花花董與董娘多幫忙了！」

董娘：「沒問題的啦！我們資源超多的啦，我們就只是不會打針、不會開刀（手術），其他什麼事我們都會，做事業很簡單啦！我們三百多家店怎麼來的？就是口碑啊！（比讚）賺錢真的很容易啦！光是我們家員工去消費，就包你們賺到說『不要不要』，數錢數到你花轟（發瘋）！賺錢很容易的啦！真好賺啊！（台語）找員工有很難嗎？不會！（搖動食指）我們三百多家店每個員工都賺到買房子、買車子，員工想不想走（離開）？不想走（離開）啊！我們只好一直開店！賺錢很難嗎？很簡單啦！跟我們輕鬆賺！輕鬆賺啊！（台語：兩手一攤）是不是？是啊！（雙手合十）」

董娘很喜歡自問自答加上手勢，這不難觀察（我懷疑董娘有歌仔戲戲班底子）。

該品牌成立之初裝潢店面之際，瑣事極多，亦需要更多人力心血加入。投資人（股東）提供資源、定錨、方向，非常重要也必要，畢竟只有創辦人才能談創辦理念；經理人、同仁的工作就是在執行投資人（股東）的成立方向。

隔天，花花董與董娘非常熱心夥同一位據描述是重量級朋友，強調要來協助該品牌營運。身為經理人，這一定要見。（哪一次不見？）

花花董又遲到了，這次理由是在家裡化妝，因要慎重迎接重量級朋友，拖延「一點點」時間（一點點就是卅一分鐘）。

花花董：「來來來，給委員介紹我們這位是……」

春天（化名）立法委員（剛卸任）：「啊！你好眼熟，你是不是之前在……哪一位部長後面那位……的誰？」

我：「春天委員好！好久不見！我之前是在內政部工作，常常需要陪部長到立法院（被）質詢……。」

春天立法委員（剛卸任）：「啊！你就是在部長後面翻法條的那位啊，對吧？」

我：「欸……對，就是法制幕僚工作。」

春天立法委員：「唉呀！我想起來了，你靠蘇嘉全的關係進內政部吼？（推一下）」

我：「不是，若我是靠蘇部長的關係，我就會跟蘇部長同進退（內政部）。」

春天立法委員：「你那時老闆不是蘇嘉全？」

我：「喔！從蘇嘉全部長到李逸洋部長、廖了以部長都是我老闆；李逸洋部長到現在都還有聯絡。」

春天立法委員：「李逸洋現在在幹嘛？」

我：「他離開政治圈了，現在開一家樂器行。」

春天立法委員：「李逸洋開樂器行？他幹嘛做這個？」

我：「他很有才華欸，他會吹薩克斯風啊，長笛、豎笛、雙簧管、法國號、短號、小號也都很有興趣，離開政治圈後就開了樂器行。」

花花董：「啊你們認識啊，太好了！太棒了！讚！讚！讚！春天委員很照顧我們店家，特別讓出她女兒來協助我們這個品牌經營，就是這位千金：春天（化名）女兒，剛從英國留學回來。」

春天女兒：「您好，請多多指教！」

我：「您好！真巧，我離開內政部後那一年就是待在倫敦／漢默史密斯（Hammersmith）的泰晤士河岸旁。」

春天女兒：「我倫敦住在Hatton Garden。」

我：「那邊不就是超級高級的珠寶區嗎？」

春天女兒：「對對對，我就是去那邊學珠寶鑑定……，剛回到台灣。」

花花董：「啊！太好了！太棒了！讚啦！咱是自己人！自己人！我跟春天委員講好了，既然春天女兒剛回來台灣，就直接來我們這個品牌工作，沒問題的！沒問題的！有夠優秀！（台語）」

我：「啊？講好了？春天女兒來我們這要做什麼？」

花花董：「就當『總監』好了，我跟春天委員講好了，就讓春天女兒當『總監』，這樣太好了！太棒了！讚！讚！讚！」

我：「『總監』要做什麼呢？我們這沒有『總監』這個位子啊？」

董娘：「唉呀！都已經講好了啦，春天委員很照顧我們啊，我們以後還要靠她幫我們喬事情，欸人家（女兒）是英國留學回來，有夠優秀！有夠讚！生得又水（漂亮）啦！（台語）春天委員特別讓出她女兒來幫忙欸，自己人才有這種好康啊！是不是？是啊！（雙手合十）」

花花董：「我跟春天委員也講好了，『總監』這工作委屈一點，一個月六萬就好，人家英國留學咧！太委屈！太委屈了！春天委員好心疼啊！我自己看了都好捨不得！」

我：「花花董、董娘，不好意思！這我要跟總院長以及其他合夥人討論一下；

春天女兒也要單獨聊一下，看看能夠做什麼。先讓我們瞭解一下彼此，可以嗎？」

隔了幾天，在一酒會遇到本也非常有意願投資我們該醫療品牌的香蕉董事長，有點小尷尬是香蕉董事長一見到我就跟我表示委屈、遺憾，居然我們沒有選擇決定他們家集團（上市上櫃公司），他個人非常看好台灣的醫療市場。聊著聊著跟我酸一下說：「花花董不到五十歲就寫自傳出書啊，業界都認為出了自傳書就代表是要走下坡，他這麼快就要走下坡了啊？不是要成為國際知名品牌？哼！我到現在還不敢出書寫自傳呢！」我只能乾笑，也只能乾笑。聽得出來董事長間也有濃濃的較勁意味，當然我們這醫療品牌沒有選擇香蕉董事長，就像情敵不將情敵看在眼裡那樣，既然你選擇了別人，我就wait and see! wait and see see!

後來我跟總院長以及其他合夥醫師們輪番跟春天女兒見面聊聊，發現春天女兒本身並沒有興趣到我們產業；加上並不是在英國留學，只是去那邊學珠寶鑑定（沒有學位），想回到台灣的珠寶業，雖然一直沒找到工作，所以春天立法委員（已卸任）讓春天女兒先有個收入；但對於醫療產業完全沒有經驗，也不是學這行。

當我答覆花花董、董娘不錄用春天女兒「總監」一職事，被董娘狠狠臭罵一頓說：「你這人腦袋怎麼這麼ㄉㄧㄥˇ摳摳（硬邦邦，形容堅硬、強硬）！都已經講好了，你居然這麼憨呆！春天委員幫我們三百多家店喬很多事情，罰單就更不用說了！那天就跟你說這麼明了，居然這麼不懂感恩，我們以後要怎麼靠她啊！你這人死腦筋！要不春天立法委員的兒子來我們這好了，委員她兒子先前當委員的辦公室主任，還是知名大學畢業的吶，我去跟春天立法委員說，請春天兒子來我們這工作，是不是要感恩啊？要感恩啊！」

知名大學畢業又怎麼樣？我也是知名大學畢業。而且春天都已經是卸任的立法委員了，能夠喬什麼？媽媽沒工作了，春天兒子能夠有什麼事可「選民服務」？失業而已。更何況以前春天立法委員在立法院的表現又不好，行事風評也多是負面，只不過在利用自己的剩餘價值、剩餘影響力吧？我身邊認識的立法委員友人都不知道可以比春天正常幾倍，至少形象好太多了，也各有專業。

春天立法委員的兒子，也被我推卻了，新手為什麼要付一個月六萬元薪水？

這事傳到合夥醫師們耳裡，我又被臭罵一頓了。可是，這不是所有投資人、合夥醫師共同決議？人在江湖飄，處處要挨刀。

依約定代替花花董出席到某職業工會新舊任理事長交接典禮，整個場合沒有一位我認識的人。當晚交換了好多名片，真是太感謝花花董了！我就是需要認識更多不同產業的人！我盡可能多認識人，應該可以拉不少生意。就當我要離開現場時，現場唯一還未聊上天的新任理事長主動來找我，當我正準備遞上名片，新任理事長悄悄地用手遮住在我耳邊輕聲說：「我知道你是誰，我只想提醒你跟花花董合作要非常小心，他是個『非．常．自．私』（放慢強調）的人，我只能說到這樣了……。啊！歡迎！歡迎！歡迎你來！（伸出握手）」

新任理事長跟我提醒的事，我一直以來沒有跟合夥醫師們說，因為沒頭沒尾，又是董事長間濃濃的較勁意味，說了也只是討罵、挨刀。

籌備該品牌期間，花花董與董娘又非常興奮說要介紹一位女明星，據描述是非常漂亮又身材超級好的「超級巨星」，這位女明星是花花董與董娘多年的好朋友，介紹我們認識，一定會對這新品牌有超級強大的幫助，可以幫我們代言產品之類。

身為經理人，這一定要見啊（哪一次不見？），蠻期待是哪一位「超級巨星」。然而依約定時間到飯店大廳出席見面，花花董、董娘與女明星都沒出現，居然三位都遲到了，傳訊息詢問是否發生什麼事或需要改期？花花董、董娘卻一再回說：「快到了！快到了！」或「在地下室停車！」或「再等一下！」

董娘顯得不耐煩覺得我在催他們，直接來電臭罵我一頓說：「你這年輕人怎麼這麼嘸耐性？等一下就等一下，不要一直問，很煩人！」

沒讓我回話，董娘就直接掛我電話。我就在飯店大廳枯等了兩個小時……

職場碎碎念：早到總比晚到好

認識春天立法委員都知道，春天的先生並非某單位的專業，卻擔任該單位的最高首長，因為春天立法委員的安插人事護航。媒體常攻擊此事，黨的形象有傷，因此沒有再被推選區域立法委員而退出政壇。

如今春天的女兒、兒子也想如此安插人事，但這裡是民間單位，對於醫療產業完全沒有經驗，圖的是什麼動機？不過在利用自己曾經是立法委員的剩餘價值。

認識立法委員哪有很困難？我個人又不是不認識還在任的立法委員。話說，春天的兒子因被我推卻，後來就積極在地方經營，也真的給他順利當選該區的立法委員！

我想，我也是推手吧！至少有百分之一！

正式與花花董的事業簽約當天，我突然飄過一陣不安全感，一種陷入騙局的不安全感，最主要的原因源自非常非常細微的觀察：「花花董的時間觀念不佳，這不是能夠被託付重擔、也絕對不是富有責任感的領導人特質。這種特質如何在台灣有三百多家小店？我突然覺得納悶、懷疑，這當中一定有問題！但投資合作案已經簽約了，只能往下走，期許自己只是多慮了。」

認識我的人都不難發現，我若無法「準時」赴約，必定提前告知「抱歉，我可能晚到三分鐘，『可能』而已」，或表明「抱歉，先到先入座，我大約幾點幾分到達」，縱使只有晚到一分鐘。

一般來說，我一定是提早赴約的人。「早到總比晚到好。」絕對不該讓對方空等，因為這樣非常不禮貌，對人非常不尊重。

所以對我而言，我有一觀察：「慣性遲到者，通常不是一個真誠的人。」特別是在職場中，「遵守時間」是工作上非常起碼的基本禮儀，也是鍛鍊真誠領導力的習慣；反過來說，領導者不守時就算不上真誠，基層職員也應該是這樣的標準，富有責任感、有擔當的人值得信賴、值得被託付重擔。

徹底守時的態度才是具有真誠領導力的源頭，也是非常起碼的工作標準。

心理學家研究顯示：「老是遲到的人對時間的認知是『扭曲』的。」一般來說普通人認為一分鐘有「五十八秒」，但老是遲到的人所認知的一分鐘長度卻有「七十七秒」。長期下來積沙成塔，自然產生了「時差」，所以總是遲到的人很難養成準時的習慣。

另有一派心理學家認為「自我管理能力與遵守期限的能力息息相關」。總是遲到的人，做事時間估算得不嚴謹，就算親自動手做發現非常耗時，卻仍然認為「這資料我應該可以一小時完成」，誤以為自己能夠很快完成任務。這類人總是想著「我還有時間」，不易心生緊張與不安，於是就錯過了約定的期限，長期下來自我控制的能力會愈來愈差。

更讓我覺得可怕的是，花花董居然沒有羞恥感、沒有罪惡感，這樣的心理情緒。一種自戀到完全不在乎社會評價、不在乎同仁／合作夥伴怎麼看。

更可怕的是，這個人是擁有三百多家小店的「董事長」！

遵守時間是跳脫職位框架、作為人與人坦誠相見的表現。每個人的時間價值都是一樣（無論地位多崇高的人或基層同仁都一樣）。時間是任何人都無法更動，這是每個人唯一共通必須遵守的價值。所以能跳脫職位框架、與人建立起純粹個人與個人間關係的人，一定且必須尊重對方的時間，約定好就絕不遲到，所以我強調是非常起碼的做人標準。

守時的人會受人信賴。為了不剝奪對方的時間而為對方著想的態度，會讓下屬或周遭其他人確實感受到這是個「端正而踏實的人」。也就是說，習慣守時的領導者可說是以行動表示自己是「誠實」、「尊重對方」、「謙虛」、「遵守承諾」的人。說到底，連自己的時間都管不好的人，當然沒有能力管理下屬。

BUT! BUT! BUT! 花花董為何是擁有三百多家小店的「董事長」啊！太不合乎學理，也不符邏輯。

就我幾次詢問花花董的事業店家同仁，她／他們大概是這樣的回應：

「太有魅力了！太有魅力了！每次聽花花董講話太迷人了！」

「花花董很會激勵人，太好了！太棒了！讚！讚！讚！」

「花花董在台上說話的樣子好帥！像是大明星！」

「花花董說會一輩子栽培我，花花董是我這一輩子最重要的貴人！」

「花花董很照顧我，甚至免費提供我最需要的住宿，對我特別照顧，我的恩人！」

「花花董一直忙著幫我找資源，我永遠都不會離開花花董，永遠不會！」

「我們做人一定要懂得感恩，花花董一直提醒要我時時感恩、感謝再感激！」

我頓時覺得我與這些三百多事業店家同仁不在同一頻率上，因為我完完全全沒有這樣感覺，依我判斷，具備高中／職以上教育程度，都會覺得是在唬爛。

我曾介紹周遭一些廠商給花花董與董娘，這些朋友們也都有感覺花花董講話都在唬爛，而且辭彙、詞彙、字彙嚴重不足，贅語超多，如同鑼與鈸只能發出單音的樂器，單調而吵雜！

實在不解花花董常說：「要感恩、感謝、再感激！」湊這些字做什麼？賺稿費？

可是花花董與董娘至少百次在公開場合嫌我這人死腦筋！非常難洗腦，腦袋超級ㄉㄧㄥˇ摳摳！

受教育的目的就是讓人判斷誰在胡說八道。大腦應該是人體基本配備，不是選配。但我們很明顯看見「頭腦」並不是所有人都有的基本配備。還說知識就是力量？在台灣，無知才是力量……（還力大無窮），台灣人「易騙難教」。

新加坡某知名牧師（後來入獄）曾說：「我們在這當中學到最珍貴的功課就是用全部的生命去信靠上帝。」

拉丁美洲殖民政府說：「奴隸受教育以後比較不會反抗掌權者，因為她／他們會『忍耐地背著這世間的十字架，以便得到將來更大的榮耀！』」

拜託！這種包裝精美的信仰語言可不是神學，而是生財工具！這根本就是洗腦的傳銷模式，而且還是集體造神運動！

灌輸所謂的「成功學」吹噓這是一個改變人的行業，更是一所沒有圍牆的大學（所以不需要接受體制內的高等教育），能夠學到幾門在學校裡都學不到的知識。給每個人提供一個舞台，讓大家盡情地去發揮、表演。每天三百多事業店家同仁踴躍上台推薦自己，談自己加入前／後的經歷和感受。每位講演者（同仁）充滿了激情，充滿了希望，談到感人處甚至痛苦流涕，場面非常有鼓動性。特別是年輕人，彷彿找到了自己的人生舞台，甚至奉獻生命都在所不惜。

難怪花花董與董娘的三百多家小店同仁多是國中、高中／職輟學生。就我接觸及觀察這些同仁，人都很樂觀、單純；但也引發我的惻隱之心與憐憫，因為三百多家小店同仁她／他們皆自願簽署切結書：

「本人某某某先生／小姐，因個人因素已自行投保勞健保，自願放棄勞工保險及全民健康保險，並接受公司之勞健保補助，今後倘發生意外事故衍生的各種問題與賠償一概與公司無關，本人自願放棄一切法律追訴權，絕無異議。」

可惡到極點！但這些小店同仁不認為這是違反法律的勞動契約，甚至認為這是花花董與董娘的體貼與恩惠，要感恩！要更努力賺錢回報花花董與董娘！

其實傳銷說白了，就是抓住人性的弱點，人們想一夜暴富的心理。

國中、高中／職輟學生要面臨的就是衣食住行的問題，而其中最難解決的莫過於「免費住宿含供餐」，有這樣的條件就會趨之若鶩。一方面省下了一大筆錢，一方面解決了居住地點和上班地點太遠的問題，簡直就是天堂。

然而動機不善的人恰恰利用了涉世未深的年輕人心理，以「免費住宿含供餐」作為誘餌，先引誘簽署不合理也不合法的契約書，然後分派到需要的工作地點，之後需要繳納「教育訓練費」、「購買產品體驗費」、「保證金」云云，還會承諾在第一個月工資下來的時候會返還，理由也非常理直氣壯、冠冕堂皇：「人要懂得感恩，如果妳／你跑了怎麼辦？」

傳銷最懂人性，抓住了人心裡想快速掙錢，卻又不想踏實出力、不想慢慢奮鬥的心理。其實這個社會大部分人都想一夜暴富，看上別人過年回來開的賓士、BMW、保時捷，羨慕極了！看見別人買了房子，光宗耀祖！於是自己也想成功賺大錢，這就是那麼多人被騙，或者這個社會很多人明知道違法的事、簽署不合理也不合法的勞動契約，卻還要去做的原因，讓人深陷其中。

花花董：「有什麼事都包在我身上，你們就專心賺錢就好了，賺錢很容易的啦！有夠簡單！賺死啊！賺死啊！（台語）」

是不是覺得毛骨悚然？但我們合夥醫師們不認同我的提醒與觀察，一致認為我們法律人就是愛猜忌、喜歡挑撥離間，醜化資本主義的企業家。

或許，我真的錯了。

九、浮誇不實的董事長

接續前章節事件……

花花董又遲到了，這次理由是要去載女明星，順便先載女明星去花花董的事業店家，聊得太開心了，拖延了「一點點」時間（這「一點點」是二小時五十三分鐘）。

所以董娘回說「快到了！快到了！」或「在地下室停車！」的訊息並非真實？那以後我怎麼確認這位董事長、董娘的指示／回應是真實？說謊是非常破壞信任的方式。還是花花董的說法才是說謊？抑或花花董、董娘二人都說謊？因為花花董、董娘彼此沒講好，口徑沒有一致露了餡？

坦白說並沒有關係，我可以先處理我手邊工作或附近逛逛，但就法律人的法感判斷，有人說謊。

「遵守時間」是工作上非常起碼的基本禮儀。當一位領導人委託下屬工作，交代對方「請在某某時間赴約」，結果下屬提前赴約之後卻不在意，也沒誠實通知自己身處狀況、不提供任何回饋／替代方式。這樣的做事態度會讓下屬劃清界線，內心認定「你／妳這個人不值得信任」。

遠遠地看見花花董、董娘身邊非常漂亮又身材超級好的「超級巨星」走進飯店大廳，我隨即起身致敬迎接。

走近才發現，哪是什麼「超級巨星」啊（崩潰）！

名嘴蘋果：「楊！惠！中！你怎麼在這裡？花花董還說要介紹認識我一位醫療集團的總經理，居然是你！你離開政府機關啦？」

我：「（……非常傻眼）對啊！原來是妳啊。好久不見，怎麼最近常上娛樂節目啊？喔有看到妳跟名嘴番茄的新聞喔。」

花花董：「啊啊你們認識啊？太好了！太棒了！是不是？超級巨星！人漂亮又

身材好的女明星！讚啦！水啦！超級巨星！棒！棒！棒！」

名嘴蘋果：「唉呀！哪壺不開提哪壺，對啊，有八年了吧？他先前在內政部工作的時候，我跑他們家的新聞……。喔！還有喔，不要再給我提到名嘴番茄，我超不爽她的啦！好爛的人！」

我：「我知道，我知道！名嘴蘋果還當『小姐』的時候，我們就認識了，現在女兒上小學了吧？」

花花董、董娘同時驚訝出聲：「名嘴蘋果不是還未婚？」

我：「欸欸欸，其實是離過婚。（糟糕，我說溜嘴了！）」

（名嘴蘋果非常非常非常非常兇狠地瞪我。）

拜託！哪是什麼「超級巨星」？就只不過是媒體記者受邀了幾次電視節目，就莫名其妙成為「名嘴」。通常是對比較出名的電視節目或電台之時事評論員或主持人的稱呼。政論名嘴是政治事件及局勢的分析家和意見領袖；而言論自由的政論節目也確實因此孕育名嘴蘋果累積高度聲量，成為分析家或意見領袖。

花花董：「你看！名嘴蘋果常出現在電視上，現在是『超級巨星』！好紅！很紅！紅！紅！紅！有夠讚！我跟董娘拜託名嘴蘋果多來我們這品牌店內，讓客人發現店內有『超級巨星』，這樣一定帶來更多好奇的客人來消費，賺錢很容易的啦！賺死啊！我一定會照顧你們的啦！跟我們合作才有這種好康（好處）！一起大賺錢！（台語）太好了！太棒了！讚！讚！讚！」

董娘：「名嘴蘋果人漂亮又身材好的女明星！有沒有水？水啦！」

我：「來店裡很ＯＫ啊，沒問題，歡迎！那個……，之前拜託花花董與董娘幫忙布達張貼我們這新品牌的海報（廣告），三百多家店目前我看……，還沒有一家張貼我們這海報欸，拜託花花董與董娘幫忙再跟店家同仁說一聲，三百多張海報已經都做好了。」

花花董：「沒問題啦！沒問題啦！這小事。我跟董娘拜託名嘴蘋果，我們講好了，名嘴蘋果委屈一點，一個月五萬就好，來我們這品牌店內，讓客人發現店內有『超級巨星』這樣，俗不俗？俗啊！一個月才五萬啊！」

我：「花花董、董娘，不好意思！來店裡為什麼要五萬啊？這我一樣要跟總院長以及其他合夥醫師們討論一下；我也要跟名嘴蘋果單獨聊一下，反正我們本來就認識，看看能夠做什麼。」

董娘臉色大變，突然大聲說：「你請『超級巨星』來我們店裡要不要錢？要嘛！你這人腦袋不要這麼ㄉㄧㄥˇ摳摳！我們都已經講好了，不要這麼憨呆！上次得罪春天立法委員了，這次不要這麼憨，是不是要感恩啊？要感恩啊！」

拜託！哪是什麼「超級巨星」？我眼神望去名嘴蘋果，傳達：「我要感恩妳什麼啊？妳還當『小記者』、『小姐』的時候，我們就認識了欸！我還介紹過好幾位男朋友給妳欸！女兒的親生父親還是我介紹的欸！」

名嘴蘋果似乎有收到訊息，開口圓場說：「唉呀！花花董、董娘，我跟惠中私下討論討論，錢好說啦！錢好說啦！（倒茶）」

私下跟名嘴蘋果單獨聊，聊了過去一些事，敘敘舊。名嘴蘋果因為貸款買了房子想多賺一些外快，加上想認識一些醫師（缺男朋友啦），出了一堆餿主意，我直接回絕不同意，根本不需要再回報。

由於原本就有私交，也應付花花董、董娘「講好的事」，我這就約定名嘴蘋果每週四晚上必須來我們這品牌店內，找朋友來或看書或要敷面膜保養皮膚都可以，董娘請我直接先給十五萬元（三個月酬勞）給名嘴蘋果，請她幫我們多帶一些客人，就當作行銷預算，這部分我相信其他投資人／股東可以接受，畢竟我也需要一些成績。

依約定週四晚上，名嘴蘋果夥同一位知名的電視製作人來到店內，帶了鹹酥雞、啤酒、燒烤等小吃來到我們該品牌店裡聊天。由於我平常工作不在各店家（我們有總部辦公室），當天晚上該品牌店主管來電通知我說三位警察到店裡稽查，讓她非常害怕，請我馬上過去。

當我抵達現場，警察表示接獲民眾檢舉噪音太大影響居住安寧，所以來現場勸導，順便看這棟樓有無什麼不法情事或可疑人物。

然而警察還在現場，名嘴蘋果跟這位知名的電視製作人仍繼續高談論闊、吱吱喳喳講個不停，嬉鬧不斷、眼神迷茫，聲音大到我自己也無法容忍的程度，讓我非常火的同時，又非常尷尬地跟警察鞠躬道歉。

我才想起她們是同校的校友，學長與學妹的關係，難怪會一同來到店裡，難怪會這麼吵！由於當天晚上根本沒有客人，名嘴蘋果在我們現場也就沒有意義，我請名嘴蘋果跟電視製作人早點離開，讓我們店內同仁好整理現場，準時下班休息。

這位知名的電視製作人發了酒瘋，但不是失控、失態那種。

該品牌店主管跟我抱怨，能否請名嘴蘋果下次來我們店裡，不要帶鹹酥雞、燒烤這類味道濃重的小吃，跟我們品牌的風格、氣質大相逕庭，搞得像菜市場，難怪沒有客人會上門！

可是花花董、董娘稱名嘴蘋果是「超級巨星」欸！讓客人發現店內有「超級巨星」，這樣一定帶來更多好奇的客人來消費，信誓旦旦表示賺錢很容易啊！會賺到怕啊！

花花董、董娘的「超級巨星」等級怎麼跟我們「差」這麼多！

我私下傳訊息告知名嘴蘋果，希望她需配合我們一些事，畢竟這是有勞務對價的關係，拜託她幫我們多帶一些客人、業績，不然這筆支出沒成效，股東會報告財務報表，我鐵定會被投資人／股東電到死。就我跟名嘴蘋果認識這麼久了，我相信她能夠體恤我職位的立場，將就配合。

BUT！

BUT！

BUT！

名嘴蘋果之後就沒依約定每週四晚上來到我們店裡了！從此也不再踏進該品牌店裡（只來一次）。我質問名嘴蘋果發生什麼事？我直接先給十五萬元（三個月酬勞）就應該配合做事啊。名嘴蘋果竟回說上通告錢比較好賺，況且我們該品牌的風格、氣質讓她渾身不對勁，不適合她這種「瘋女人」（這點我完全同意，就我認識她多年的經驗），就不想去啦！抱歉啦！

不想接可以直說，酬金談不攏更應該直說，人在江湖，怎能拿了錢，不做事？

這又讓我回想起我介紹她女兒的親生父親給名嘴蘋果，分手的情節就是忘恩負義的八點檔連續劇，她女兒的親生父親後來就跟我斷交友誼關係。

如今還肖想我再介紹一些醫師友人／同事給名嘴蘋果？我又不是要自找麻煩。

這事我當然回報給花花董與董娘，不是花花董與董娘多年的好朋友？怎麼會不知道名嘴蘋果做人處事？捧得跟「超級巨星」一般地禮遇，還信誓旦旦表示一定會對這新品牌有超級強大的幫助，可以幫我們代言產品之類。

顯然花花董與董娘根本就對名嘴蘋果不熟。但花花董與董娘連去哼一聲都沒幫我們跟名嘴蘋果講一下，不該拿了錢而不做事。花花董身為投資我們該醫療品牌的投資人，可以就這樣算了？往後經理人、同仁如何執行投資人（股東）的營運方向？

花花董身為們這新品牌的投資者，三百多家店幫忙布達並執行張貼我們這新品牌的海報（廣告），確實是股東輕而易舉的小事，這新品牌有利潤收益對於投資者也是回饋、幫助。可是據我去拜訪三百多家店，仍未有任何一家張貼我們這（廣告）海報；三百多張海報都做好了，該怎麼處理？總不能報廢處理。

上面有花花董旗下的品牌Logo，也無法送到其他地方曝光，只好再提醒拜託花花董與董娘幫忙布達執行張貼我們這新品牌的海報（廣告）。

某一天我帶著海報去（第一次）拜訪兼拜託花花董事業在內湖的店家主管，撞見名嘴蘋果在那邊像自己家進進出出，名嘴蘋果很反常地看見我如震懾般愣住。

我看懂了，有夠骯髒……

職場碎碎念：腳踏實地做事才是上策

其實我非常受不了花花董這種過於浮誇的人，總是將「最高級」肯定／讚美視為廉價的表達，當真要用「最高級」時，已無更高級語彙。當需要這樣的人幫忙或需要配合時，理由特多總回「不行」或根本裝作空氣。每每口說支持／最高級，做出來往往只有「普通級」。

「沒問題啦！沒問題啦！這小事。」布達執行張貼我們這新品牌的海報（廣告），確實是投資者輕而易舉的小事，但為何未有任何一家張貼我們這（廣告）海報？這動作有很困難嗎？說說而已，沒有當作一回事。

「讚啦！水啦！好紅！很紅！超級巨星！賺錢很容易的啦！賺死啊！我一定會照顧你們的啦！一起大賺錢！（台語）太好了！太棒了！讚！讚！讚！」

這種華麗詞彙欺瞞掩飾，早在「貨出去、人進來，高雄發大財！」之前，花花董才是始祖啊！

還是不解花花董常說：「要感恩、感謝、再感激！」湊這些字做什麼？華麗掩飾而已。

慣性遲到者，通常不是一個真誠的人。

浮誇，就是不實在的人。因為都是包裝精美的語言，華而不實。做出表現出來往往只有「普通級」，人際關係也只有「普通級」，哪有什麼「超級巨星」啊？誇張總有個限度，當真要用「最高級」時，已無更高級語彙，某種程度來說，非常不負責任。

只不過是媒體記者受邀了幾次電視節目，就莫名其妙成為「名嘴」。「名嘴」是「超級巨星」？花花董、董娘的「超級巨星」等級怎麼跟我們「差」這麼多！

被檢視了、被發現了也還死不更正／修正的那種不負責任的態度。

這種包裝精美的信仰語言可不是什麼肯定，而是生財工具！這根本就是洗腦的傳銷模式，而且還是造神！

花花董與董娘的事業投資我們該醫療品牌的投資只占總資本額百分之廿，這小小的投資成本取得話語權、操控權，由我這邊支付（全部）薪酬，讓花花董與董娘「講好的事」繼續認識、維持自己的人脈，用「還人情」作為情緒勒索，替自己的事業、個人地位擦脂抹粉，功勞都歸花花董與董娘；壞人都是我在做，擋人財路讓人不爽。

說什麼「賺錢很容易啦！賺錢有夠簡單啦！包賺啦！」根本就是一種話術、騙局。不過就是想透過由我這邊支付薪酬，認識一些人、維持一些生意／合作關係人脈，很明顯春天立法委員也是這樣。

說什麼「光是我們家員工去消費，就包你們賺到說『不要不要』，數錢數到你花轟（發瘋）！賺錢很容易的啦！真好賺啊！（台語）」事實上，三百多家小店的員工，一位也沒進過我們該醫療品牌店家（據反應是嫌我們消費額太高）。

有沒有介紹客人來消費？依我們該品牌店主管統計，只占所有來客人數的百分之〇．四，這樣是賺到說「不要不要」？根本就是靠我們的品牌去擦亮花花董與董娘的事業，非常商人的如意算盤。

甚至我合理懷疑名嘴蘋果與春天立法委員的女兒來我們這工作，「講好的事」根本就是花花董與董娘有抽成，不然我推卻春天女兒來我們這，董娘的反應需要這麼大？名嘴蘋果拿了錢，不做事，花花董與董娘連去哼一聲都沒講？

「講好的事」，非常骯髒。

我看懂了。也清楚看見自己在與花花董與董娘正式簽約該品牌的投資案當晚，為何飄過一陣焦慮感，一種陷入騙局的不安全感。

這就是災變前的預感，法律人的法感。

「講好的事」，不過就是「洗錢」？

洗錢的步驟首先必須以某種名義儲存，然後透過一連串的交易或是轉帳，進入合法名義之下。

經過看似冠冕堂皇「講好的事」的方法私下操作，以合法的資金流動，這就是一種掩飾。為了逃避監視，「講好的事」就是一種做法。「講好」原本彼此互不相關，之後再透過現金、匯款、開立支票等方式轉入犯罪者／共謀者的名下或分贓。

洗錢常與經濟犯罪、毒品交易、恐怖活動及組織犯罪、武器買賣、人口販運、海盜、賭博、偷渡等重大犯罪有所關連，也常以跨國方式進行。表面上看起來正當合法，實際上只是為了轉移金錢所做的假交易，也有人直接將金錢購買美術品、古董、不記名債券等高價商品，轉移到犯罪者／共謀者手上後再伺機脫手換取金錢。

冠冕堂皇「講好的事」，錢到了誰的名下？

覺得毛骨悚然？但我們合夥醫師們還是不認同我的提醒與觀察，一致認為我們法律人就是愛挑撥離間、預設立場、醜化人的動機，這不是好的經理人該有的態度。

或許，我真的錯了。

但我非常確定我與花花董與董娘、還有這些三百多事業店家同仁不在同一頻率上，教育程度不同吧，我姑且這麼下結論。

原以為花花董與董娘沒有選擇繼續升學，只有國民小學畢業學歷是因家裡貧困，必須盡早進入社會協助家計。後來才知花花董家族在當地家境非常好，因為非常愛漂亮（打扮）、喜歡流行的事物，覺得學校生活太無趣而沒有繼續升學；董娘雖稱不上什麼旺族，但家裡能夠聘用多位農工耕作、撿拾高級木材販賣，覺得念再多書還不是要回到家裡幫忙，不如完成國民小學的義務國民教育就好，沒必要入學考試進入初中（就是現在的國民中學）。

多次與花花董與董娘的互動中，他們常常嘴裡透露鄙視，藐視有大學學歷有什麼了不起？賺錢有比他們多嗎？事業比他們大嗎？大學學歷就有辦法搭（飛機）商務艙嗎？

口裡怎麼說，心裡就是怎麼想。原來，他們對人的價值是以收入為依據，這樣的標準，確實非常功利，典型的資本主義。

董娘在那幾年都會請人送來過年大禮盒，我一來感到受寵若驚，一來又非常困擾。困擾的是基於環境保護／生態價值理念，我不吃魚翅。多次婉拒董娘的好意，祈能體諒，卻每每被董娘酸了幾句：「不知好歹，好心予雷唚（台語：好心沒好報）。」

希望藉機提供環境保護的理念，聊到吃魩仔魚會造成海岸生態失衡，董娘竟回應：「不吃魩仔魚才會造成海上魚滿為患。」事實證明，全世界漁獲量越來越少（而且漁產重量／尺寸也縮水許多），魩仔魚來不及長大，導致食物鏈中其他層級的生物數量也產生改變，最終破壞生態系統平衡。水資源也不是源源不絕，那麼空氣呢？魚翅也有同樣問題，既沒味道又沒營養（卻有重金屬），吃魚翅只是虛榮而已。

我多次在媒體中公開表達：「我超級超級在意這件事：讓魚翅從餐桌上消失

吧！」傳統以宴請魚翅使賓主盡歡的觀念早已落伍，甚至造成被請客者的困擾與心理壓力！據「WildAid 野生救援和關懷生命協會」調查，超過六成人其實不想吃魚翅。魚翅本身並無特殊營養價值（甚至沒有味道），且含有重金屬（汞、鉛），影響健康。一起保護鯊魚、守護海洋生態環境！

然而說好了「保護地球，需要我們一起努力、反省」，不在同一頻率上，該如何一起努力？

不僅無法一起努力，還會被責怪「好心予雷唭」。這是教育程度的問題嗎？我姑且這麼下結論。

但我要非常嚴肅強調，我並不是看輕沒有受過高等甚至中等教育的人，不然我們不會在該醫療品牌規劃成立之初，捨棄好幾組企業主（不乏上市上櫃公司）的投資，反而選擇花花董與董娘的事業。

有沒有後悔？我想起那位某職業工會新任理事長，悄悄地用手遮住在我耳邊輕聲說：「我只想提醒你跟花花董合作要非常小心，他是個『非・常・自・私』（放慢強調）的人。」

十、被忽略的董事長

接續前章節事件……

某一天，花花董非常熱心要帶我及股東醫師一起拜訪双美集團的董事長。双美的膠原蛋白注射材料，在全球市場非常知名，許多人不知道這是台灣本土研發的產品，在醫療應用廣泛，與人體相似、相容性非常高，稱為「台灣之光」絕對名副其實；身為經理人，我一定要認識。（哪一次不要認識？）

果然是很具規模的企業，實驗室、生產線都符合國家甚至更高的標準。

花花董：「王董事長好，我是經由職業工會的理事伍董事長的介紹，我們現在有投資醫療產業，我特地帶我們醫療產業的總經理還有股東醫師一起拜訪你……，這是我的名片（遞）；還有我的新書，裡面有提到我是如何做到三百多家店，一定要看喔！這本新書讓我媒體邀請不斷，各大節目都要找我上電視，一定要看喔！（遞書）」

王董事長：「喔！不到五十歲就出自傳啊？封面還是形象照片……，（端詳）這是哪一家出版社出的書？」

我：「王董事長好，久仰大名貴公司。這是我的名片（遞）。」

王董事長：「啊！楊總是法律學系畢業的啊？我女兒也是法律學系B八六級法學組畢業，現在是花蓮地方法院擔任民事庭法官。」

我：「欸！我也是法學組B八六級畢業欸！我們班姓王就只有……王惠品！」

王董事長：「啊！對對對！王惠品就是我女兒，好巧！好巧！居然見到我女兒的同班同學！真是優秀！法律人擔任企業經理人一定會很注意制度面及細節。」

我：「要多跟王董事長多多學習，現在還不如王董事長的千分之一。」

花花董：「太好了！太棒了！攏是自己人！我們就要跟緊緊王董事長，這樣阮的事業才能順利起飛（起飛手勢）！我們來合個照！我們來合個照！見到王董太好了！太棒了！讚！讚！讚！」

很詭異地，不知道王董事長是不是跟職業工會的理事伍董事長有嫌隙，連帶不想跟花花董多交流。後來整個過程，王董事長就只有跟我及股東醫師聊天、討論合作事，完全沒有理會花花董，非常不合商業禮儀。

我當天就很開心地傳訊息給惠品打聲招呼，惠品非常積極想調回台北工作，因為人在花蓮很不適應；惠品也很意外我居然來到她父親的辦公室，我告訴她接下來會跟双美集團合作，請惠品允許的話就幫忙說些好話，找個時間可以見面敘敘舊。

台灣好小，圈子真小，果然不能做壞事。

一個多月後，花花董來電關心我的近況，並納悶說双美集團的王董事長都沒有跟他聯繫後續合作，覺得有些遺憾。

「可是王董事長和我同學惠品有約一起吃飯聊聊欸，我們這邊已經培訓生醫集團總院長擔任膠原蛋白注射的技導（技術指導，臨床醫師的訓練指導醫師），一直有保持聯繫，也已經開始更多合作。」我回覆花花董。

講到花花董的頭髮越來越稀疏，就順勢推薦花花董到我們生髮植鬍診所進行植髮手術。

由於花花董家族遺傳的關係，雄性禿的狀況越來越惡化，這對曾經為了愛漂亮（打扮）而沒有繼續升學的花花董來說，肯定是一大打擊。

我們生醫集團旗下生髮植鬍診所，該品牌雖然不是花花董投資的品牌，但該品牌、團隊非常堅強，在醫療業界非常著名，也常常受到媒體的關注動態。

遂極力推薦花花董到我們生髮植鬍診所進行植髮手術，花花董雖然口說不在意家族遺傳雄性禿，但身體很誠實，一鼓作氣在農曆新年安排巨量植髮手術。

這是我能盡到的照顧資源，舉手之勞。而且就我周遭曾經來進行植髮、植鬍、植眉、植鬢角、髮際線手術的家人／朋友們，給我都是正面的回饋經驗跟效果，我個人對我們的生髮植鬍診所非常有信心。

我絕對相信可以幫助花花董解決家族遺傳雄性禿。

六個月後，花花董非常滿意，甚至催促我何時可以安排第二次植髮手術，有意加密毛髮量，這樣就可以回到少年時的帥氣（不是不在意家族遺傳雄性禿？）。礙於「董事長」這種身分地位，原本想低調默默做完植髮手術，不敢跟人說，但從大家習慣看花花董戴很假又絕對看得出來的假髮，或稀疏到幾乎已經全離家出走的地中海（頭頂毛髮）造型，突然毛髮噴發，這樣自然的頭髮繼續生長不像是假髮，縱使不敢跟任何人說，大家也都猜到花花董「做」了什麼。

頭頂上的變化，旁人怎麼看不出來？剪個頭髮都有人看得出來，更何況突然長出頭髮！

刻意不說，反而噴發的毛髮都在跟我們招手。

既然都這樣了，我又順勢慫恿花花董不如直接開個記者會，讓媒體朋友報導生髮／養髮的正確方式（醫療專業），而不該聽信來路不明的偏方，破財又傷身。花花董的現身分享可幫助同樣有落髮困擾的人，這有很大的健康教育意義，更是一種對社會的貢獻。況且況且，認識花花董的人都發現「異狀」了，接下來第二次植髮手術加密毛髮量，要怎麼隱藏？

濃密的毛髮，什麼都說了。

花花董本來還在猶豫要不要，我直接就跟花花董約時間開記者會，表明現場由幾位生髮植鬍診所專任醫師群進行報告及受訪，請花花董不用擔心成為焦點。

就我多年來的媒體敏感度，記者會採訪通知當然重點就是「旗下三百多家連鎖品牌董事長拋開假髮長出濃密的毛髮」！產經線、生活線、娛樂線、醫藥線甚至地方線的媒體朋友應該都會有興趣。

來到記者會當天，果然擠滿了眾多媒體記者及攝影機，也很開心見到多位熟識的醫藥線記者友人。每一家都提前來到現場卡視野佳的位子。更讓我意外的是，居然日本NHK電視台也派記者及攝影師來到記者會現場！一方面覺得戰戰兢兢，一方面期待品牌能夠推廣出去，提供民眾正確的生髮、養髮、植髮的訊息。

然而花花董又遲到了。現場已有媒體記者不耐煩，頻頻詢問何時可以開始。花花董電話未接、訊息亦未讀，董娘說不知情、花花董辦公室同仁說花花董早已出門……。我臨機應變先請我們生髮植鬍診所品牌總監孫稚庭、高雄生髮植鬍診所林士棋醫師先後進行報告當年在曼谷的世界植髮醫學會的學術及臨床經驗分享（植眼睫毛案例），待花花董何時抵達現場再做調整。

花花董終於到了，這次理由是剛剛去游泳加上碰到路上塞車，拖延「一點點」時間（一點點就是四十六分鐘）。

人來了就好，趕緊將記者會的行程表及訪談大綱紙本遞上。

花花董：「不用啦！看這幹嘛！我從來不看訪談大綱，我臨場反應很有經驗！哪家記者我不認識，哈！被採訪的經驗我很多啦！（揮手）」

可是我一見花花董的打扮非常不合宜（涼鞋＋破牛仔褲＋領口鬆垮的POLO衫＋凌亂的髮型＋運動型背包），強烈建議花花董換上我身上這件西裝外套。

然而花花董回應：「不用啦！不用啦！我又不是沒有被採訪的經驗，記者我都很熟啦！我還出過書咧！（眨眼）」

我更堅定地建議套上我身上這件西裝外套，因為現場大概有卅多位媒體記者……（我脫下西裝外套）。話沒說完，花花董逕行興高采烈走進記者會現場，打斷了林士棋醫師報告，全場注目在門口的花花董和我。

花花董愣住了。

花花董愣住了，反而讓我突然非常洩氣又很想哭；但攝影師的打光設備就聚焦在門口，我迅速收起情緒引導花花董走進受訪座位，花花董邊走邊遞上名片跟記者朋友們致意打招呼。

當花花董一坐定位子，東森電視台非常資深的記者首先舉手發言：「請問剛來到這位是……名片上這位花花董事長？」

花花董表示自己就是旗下擁有三百多連鎖店家的董事長，全場媒體朋友七嘴八舌、議論紛紛：

「請問董事長為什麼遲到？」

「董事長是這個樣子？他到底是誰啊？」

「怎麼這麼失禮？還發採訪通知！」

「這連鎖店家很常看到啊，台北應該有一百家店吧！」

「他是假的吧？董事長長這個樣子？」

「穿這樣真沒禮貌，剛還聞到流汗臭味。」

「（端詳名片）真的還假的？我們Google一下！」

「這三百多的連鎖店家很有名啊，董事長是這個樣子？」

勇氣，並不是感覺不到恐懼，而是感覺到恐懼，也必須硬著頭皮繼續做下去。

怎麼整個記者會走鐘（失去準度、走樣）、失焦成這個樣？身為媒體聯絡人，我就站在一堆攝影機旁，捏了一把冷汗。

幾位熟識的記者友人離開座位走到我身邊，用手機打出幾句Line文字，我隨即大聲告訴現場媒體朋友繼續剛剛的醫師專業報告，若需要花花董事長的分享，我們記者會後再進行採訪。

記者會後，多位媒體朋友圍繞著品牌總監孫稚庭、林士棋醫師，詢問專業細節及當年在曼谷的世界植髮醫學會植眼睫毛案例報告；我則接待日本NHK媒體朋友，並協助介紹植髮器械及頭皮檢測儀。

眼角餘光見到花花董在記者群訪談醫師後，卻沒有人與花花董互動。花花董穿梭在不同記者群後走向我身旁，一同接待另一群媒體朋友。媒體朋友採訪我許多醫療產業問題、醫療趨勢發展，甚至趁機詢問我的本行「人類免疫缺乏病毒傳染防治及感染者權益保障條例／危險性行為之範圍標準第二條修正案」問題。

正當我忙著回應媒體朋友，花花董靠上我耳朵輕聲說：「若沒我的事，我就先離開了。」我點頭示意。

花花董晚上來電，不是問我後來記者會狀況，而是質問我到底找了幾家公關公司？花了多少費用？總院長有沒有同意？究責我這經理人亂花錢，辦這樣的記者會要不要三百萬？整個場面亂七八糟！記者問那什麼問題！記者還不是我們花錢讓他們做事，有什麼好囂俳（台語：傲慢囂張）！還有你為什麼沒有先給我訪談稿？做事離離落落！

我回覆（氣到發抖）：「花花董！記者會的行程表及訪談大綱，我上一週就給你電子檔了欸！而且這次記者會沒有花費一毛錢！採訪通知是我自己發的（所以我掛媒體聯絡人）、媒體通訊名單是我歷來自己建立的，喔！媒體朋友的小禮物也是我跟保養品廠商拗來的，我自己就可以做的事，為什麼要花錢找公關公司？還有，我強烈建議花花董換上我身上的西裝外套，不懂花花董你為什麼偏偏不聽勸，花花董你真的懂媒體操作嗎？第一個問你問題的是全場最資深的新聞記者，本身也是主播，你沒有看電視新聞嗎？喔！對了，遲到也是大忌啊！花花董！」

花花董：「嗲潲（台語：吹牛）！這些全部是記者嗎？為什麼沒有記者訪問我？騙囡仔！我出過書咧！你是什麼東西？這種沒有花錢的記者會怎麼可能會上新聞？哪．有．可．能！哪．有．可．能！」

究竟是什麼樣的成長背景讓人不知反省？然而讓我依舊覺得不可思議的是，花花董仍然沒有羞恥感、沒有罪惡感，這樣的心理情緒。一種自戀到完全不在乎社會評價、不在乎同仁／合作夥伴怎麼看。

更可怕的是，這個人是擁有三百多家小店的「董事長」！要是換成是我，絕對尷尬到想死，而且是一輩子的陰影那種。

後來連續幾天都有我們這場記者會的相關報導：「電視台新聞、廣播電台新聞、平面媒體、網路媒體，甚至《國語日報》、日本NHK電視台……」非常感謝所有媒體朋友的到來。原本這次記者會採訪通知重點是「旗下三百多家連鎖品牌董事長拋開假髮長出濃密的毛髮」。後實際曝光、刊登皆隻字未提到花花董，花花董僅畫面擔任Model示範病人的角色，重點畫面都在兩位醫師的報告及訪談。

少數幾家報導內容僅輕描淡寫「接受植髮手術的『花先生』表示……」。明明就是身價上億的董事長，卻完全、刻意被媒體忽略、放生的花花董事長，這給了我們很好的做人處事的現世報。

另我要特別感謝《蘋果日報》的鄭智仁（時任網路中心執行副總編輯）學長的大力幫忙，派了五位記者及攝影同仁連續四天《蘋果日報》相關報導：動新聞（影音）、網路報導、平面報紙、地方新聞報導。已多次表達我的受寵若驚，由衷感恩！

人要愛惜羽毛，尤其要特別警醒、重視每一次可以表現的機會。

職場碎碎念：一昧追求人脈，不如變成別人的人脈

有參與過這場記者會的媒體朋友，後來成為我們歷次茶餘飯後（應該是「酒」餘飯後）聊天的趣事。

「花花董搞什麼啊？董娘在旁邊也敢這樣！隨身帶一疊紅包，裡面各放一百元鈔票，摸一下就給一紅包，當我是酒家女嗎？也太廉價了吧！」

「惠中，你跟花花董認識啊？他好噁心，每次跟他握手，他都會一直摳人手心，好噁心啊！是一直摳一直摳那種，人家要縮手還一直抓住人家的手，有夠變態！」

「天啊！原來惠中你們家集團是跟花花董合作啊？（厭惡眼神）怎麼跟這麼Low（沒品味）的人合作啊！你是哪裡有問題！」

「惠中！你們家那花花董又來騷擾我了，一直打電話問我何時可以跟他吃飯，有夠噁心！你不是說董娘管他很嚴嗎？你看（LINE截圖）他上面怎麼講，有夠變

態！有夠下流！你看你看！還說要舔我嗶嗶（消音），我可以告他性騷擾嗎？有夠下流！」

「惠中！你們家集團幹嘛跟花花董合作啊？他人品／價值觀真的很有問題欸，我一直表明我已婚有老公、有小孩，他還一直約我一起泡湯；還說若可以的話，也可以約另一位主播一起到汽車旅館「休息」！「休息」什麼？還3P？我跟那位主播是好姐妹欸，我們還要不要在新聞圈混啊？太誇張了！」

「你沒發現嗎？任何有花花董的場合，董娘一定會跟著。你以為他們鶼鰈情深嗎？那是因為花花董常常不乖，拈花惹草；花花董的三百多事業店家小女生們被花花董的花言巧語搞到常常爭風吃醋，董娘當然要宣示主權啊！」

這些是我周遭所有與花花董接觸過的媒體朋友給我的訊息。坦白說，我無法求證，畢竟我不是當事人，何況花花董從來沒有騷擾過我（完全沒有遺憾）。但越來越多女性媒體朋友告知我類似這些事，我不得不信了。

花花董隨身帶一疊紅包這事我知道，但從來沒給過我。

特別是一位資深的女性主播口中說出這樣的事，我相信她不會隨便將這事說出口。

可是我卻愛莫能助，畢竟我又不是花花董的枕邊人，花花董又不歸我管，特別是他不乖的手、不安分的下半身。

再次強調，我認識職稱「董事長」的人非常非常多，嚴忌對號入座；也高度建議當事人自己不需表明自己就是當事人，對號入座這種事，絕對不會「紅」，只會「黑」，多位女性朋友超級想提告某位董事長，多次都被我勸阻下來。

我常質疑自己這樣做對不對，是不是助紂為虐？多次跟某位前輩告解這件事，我是不是很該死？

那天我跟股東醫師一起拜訪双美集團董事長後，股東醫師在車上問我：「喔！有沒有發現？只有小學畢業／學歷的花花董事長，內心是不是很自卑？花花董一直想跟社會上有成就的人接近；可是花花董事長似乎忘記自己就是旗下三百多家連鎖品牌董事長，房地產有好幾棟，資產應該也有上億吧。這樣的身分地位卻常常碰釘子，每次花花董介紹什麼大咖啊、媒體朋友啊，後來對方都比較有興趣跟我們繼續往來，感覺上一般人還是不喜歡跟這種辭彙、詞彙、字彙嚴重不足，贅語又超多的人認識，雖然全身上下都是國際名牌，穿在花花董、董娘身上就是覺得變Low……，你沒有觀察到這件事？」

怎麼會沒有發現到這件事？甚至我常常檢討，當初我們這一品牌規劃成立之初，捨棄好幾組企業主（不乏上市上櫃公司）有意投資，最後決定讓花花董的事業加入合作，這步棋，是不是走錯了？

我也發現，花花董、董娘的人脈資源幾乎都是金錢買來的，某種程度來看，這樣的人，非常淒涼。

曾幾何時，不少人將要到別人電話或合影當成炫耀的資本。但自己不優秀，認識誰都沒有用；這不叫人脈，充其量只是「通訊錄」或是「相簿」。

證明擁有的人脈，不是朋友圈裡有多少和厲害大咖／公眾人物的合影，而是當遇到問題時，有多少人願意幫助你／妳；決定朋友圈層次，不是和誰握手、拿到名片，而是自己有多少本事。

相信很多人都遇到過被忽略、被拒絕，以為和對方留了電話、一起合過影，彼此就應該能繼續來往、互相幫忙，卻忘記了一件重要又殘酷的事實：「只有頻率接近、資源平等，才有機會進一步互動！」很多人脈關係並沒有什麼用，以為留了對方的名片、電話，卻在需要對方幫助的時候，對方總是這麼忙，怎麼也聯絡不上。

再忙，對於我們有興趣的人，回個訊息並不麻煩。

自己不優秀，認識誰都沒用；自己不強大，認識多大人物都沒有用。一味追求人脈，不如將自己變成別人的人脈！

身為領導人，不論是國家元首或是企業的經理人，具備「觀眾緣」是非常起碼的自帶特質，畢竟領導人在一組織內不會是配角，甚至需要對組織外發言、溝通、接受挑戰。「觀眾緣」往往就是累積人脈的重要資產，這是學不來的。臨時背一兩個冷笑話，說了只會讓場面更冷更尷尬。

面對尷尬的時候，不如將肚腸放寬些，大方地接受外界的攻擊；甚至反守為攻的幽自己一默，往往就能化危機為轉機，這種自信，也可以稱作幽默感。

花花董其實就是自戀的加強版，自戀到完全不容被發現瑕疵。偏偏花花董有顆超級玻璃心，以為出過書就可以在這社會當作護身符；殊不知這將受更高標準被檢視，自己撐不住優秀，只會越描越黑，認識誰都沒用。

媒體確實很現實，這也是媒體的本質：「水可載舟，亦能覆舟。」

當我閱讀了幾頁花花董送給我那本新書，我就覺得有些不對勁。自傳生平紀事盡是提到會早起幫家人燒開水、當學徒有多認真、多厲害這種內容乏善可陳的「瑣事」，卻沒獲得過什麼獎章、對國家／社會有貢獻的事蹟，整本自傳生平卻有「過半篇幅」訪談花花董的同仁對他的看法（不過就是未經整理的逐字稿）。然而同仁多是國中、高中／職輟學生，口述盡是「我永遠都不會離開花花董！」、「感恩、感謝再感激花花董！」類似這樣湊字賺稿費（若有的話）。我倒不是認為國中、高中／職輟學生無法表達，而是這書像是種「樣版」，硬是拼湊主角／花花董好棒棒！這種無法經過歷史還原、證實的內容，充其量只是……逐字稿，連小說都不是。出版品質如此粗糙，這樣會有出版社願意出書？引起我的懷疑。

不用法律人的法感判斷，這本身就不符邏輯。

容再非常嚴肅強調，我並不是看輕沒有受過高等甚至中等教育的人，不然我們不會在該醫療品牌規劃成立之初，捨棄好幾組企業主（不乏上市上櫃公司）的投資，反而選擇花花董與董娘的事業。

出過書的人，有比較優秀？有比較厲害？所謂的「經驗法則」，大多時候只是「集體群眾盲目」形成的「認知偏誤」。而現在網路的資訊速食文化及傳播力量，加上太多人怠惰求證，會使這種「集體群眾盲目」程度更為加劇。

為了求證，我走訪幾家連鎖書店，詢問是否有花花董那本新書（自傳生平），得到的答案皆是：「從來沒有。」書店人員告知我花花董這本書並不是出版社出版，而是印刷廠。一般出版社出的書都會有國際標準書號，花花董的這本書，簡單說就是「自費出版」。書籍作者自行委託出版社或印刷廠，以自己名義出版書籍；為作者提供自費出版服務的印刷廠，於出版時向作者收取費用。一般的商業出版社承擔編輯、裝訂、校閱和銷售的成本，並以大眾為其市場；而這一類的出版社使出版成本全部由作者承擔，因此以印刷廠的角度來看，作者／花花董本身就是市場。

明顯花花董的這本書就是「行銷工具」，內容想怎麼寫就怎麼寫，根本就是比較厚的宣傳單啊，隨人印，沒人管。這讓花花董與董娘拓展接觸原本觸碰不到的資源、人脈，這樣的做法，好像青少年將襪子塞在褲襠，以為這樣就好大、好壯、好飽滿。

然而這將讓人更想仔細瞧瞧、更高標準檢視，自己撐不住好大、好壯、好飽滿，「樣版」再漂亮，只會讓人看破，嗤之以鼻當作笑話。

過度美化包裝自己的故事，沒有受過挫折、接受失敗的生命經歷，這樣哪是正常的人生？說穿了只是不願誠實面對自己，自卑而已。

全國第二大出版社出版？當我們沒逛過書店嗎？

就在與花花董與董娘正式簽約我們該品牌的投資案，當晚我突然飄過一陣焦慮感，一種陷入騙局的不安全感，就是感受到花花董與董娘不過是要藉著我們這邊認識社會高層、擦亮他們的招牌，並不是真的有意投資經營我們這新醫療品牌。

從張貼我們這新醫療品牌的海報（廣告），縱使花花董與董娘承諾會幫忙布達、執行，三百多家店卻沒有一家願意張貼我們海報。說穿了，花花董與董娘的事業投資我們該醫療品牌的投資只占總資本百分之廿，這小小的投資成本根本就是「行銷費用」，讓外界認為花花董跨足醫療產業，好讓花花董與董娘拓展接觸原本觸碰不到的資源、人脈，用「還人情」作為情緒勒索，替自己的事業、個人地位擦脂抹粉，這樣的投資，真是划算！

可是對我們有什麼好處？

董娘常常信誓旦旦說：「做事業很簡單啦！我們光是三百多家店員工去消費，就包你們賺到說『不要不要』，數錢數到你花轟（發瘋）！真好賺啊！（台語）」

事實上，三百多家小店的員工，一位也沒進過我們該醫療品牌店家（嫌消費額太高）。也幾乎沒有介紹客人來我們該品牌消費，說穿了，根本就是花花董與董娘在阻擋，刻意的「不作為」就是阻擋。靠我們的品牌去擦亮花花董與董娘的事業，非常商人的如意算盤，真是划算啊！

表面說要介紹春天立法委員（剛卸任）以及名嘴蘋果來幫忙，由我這邊支付莫名其妙的薪酬，讓「講好的事」功勞都歸花花董與董娘。我們被當盤子，非常商人的盤算，有夠划算啊！

媒體朋友跟我抱怨這種沒有價值理念又愛毛手毛腳的商人，明顯「金錢和權勢」換不到品味、教養與風度。讓我服氣、尊重的是對社會有貢獻的人，而不是自以為很有本事會賺錢的人。

十一、投資判斷錯誤鉅額虧損

接續前章節事件……

「楊總還年輕，這場越南蓋醫院的投資案就不讓你跟（投資入股）了；下次有機會再讓你跟。越南這幾年發展越來越驚人，到那邊投資的台商都說越南賺錢超級容易的啦！賺死啊！賺死啊！（台語）」花花董邀我到他辦公室興奮說著。

我心裡嘀咕：「就算你們邀我，我也完全沒興趣。跨國合約這麼簡陋，那邊又不是我能實際掌握的局勢，不可預期的風險太多，有閒錢還不如先放著。……實際狀況是：我手邊也沒什麼錢。」

總院長手邊簽下跟花花董這場越南蓋醫院的投資案，總院長依比例投資新台幣五千萬，請我幫忙看一下。

我：「你們這只有台灣的合約？沒有越南那邊合約？土地所有權人是誰？蓋好的地上物需不需要付費給土地所有權人？……缺漏一堆東西欸，總院長要不要再確認三思？」

總院長：「我們這合約會公證，應該沒有什麼問題。努力比不上趨勢，越南這幾年發展真的很驚人，順這勢如順著河流往前走，隨便都嘛賺。」

我：「若總院長要請我幫忙看一下，我就有職責表達我的專業及看法。」

總院長：「反正這錢是我跟我爸借來投資，你就看看有什麼問題就好。你有花花董賺的多嗎？你有花花董開這麼多家店嗎？你有花花董會帶人嗎？你們法律人就是愛猜忌、喜歡挑撥離間，什麼事都妖魔化往壞處想，囉哩囉唆。」

我：「我等著看你們這場會失敗，請記住我說過這句話。」

總院長簽下這場越南蓋醫院的投資案當天，總院長的母親打電話給我，問我為何總院長跟他父親借這麼多錢？問我知不知道這件事？這件事之前有沒有跟我討論？

總院長的資產又不歸我管，簽約之前我們並沒有聊過這件事。我知道這件事時，雙方其實已簽署完畢。總院長的五千萬新台幣也已經匯進董娘（投資案負責人）的個人戶頭，我只是「過目」他們手邊有的文件。

蓋醫院需要從無到有，這需要好幾年的時間。為能有效率執行蓋醫院、教育訓練、申請執照、採購等諸多必要瑣事，越南當地聘請一位台幹（台灣籍幹部）擔任執行長，運籌帷幄每天要進行的工作。

生醫集團旗下品牌本身就有合格藥商、醫事人力仲介、派遣公司，在醫院未蓋好這幾年，醫療器材、藥品先出口到越南買賣，一來銷售給越南當地民眾使用（試水溫），二來預備蓋好醫院繼續使用台灣優良的醫療器材、藥品，作為銷售的門市概念。

這座地上十六層、地下五層的台灣人所投資的越南醫院，位於郊區。才剛動土就引發當地人的好奇，當地媒體也頻頻關注，期待增加更多就業機會。

越南的中產階級確實越來越多，健康意識也逐漸抬升，願意花費更高品質的醫療設備在所不惜，從我們出貨給越南當地民眾使用台灣優良的醫療器材、藥品來看，越南確實是一蠻不錯的市場。

甚至，台灣有執照的醫療人員，不用另外考照就能直接到越南執業（因為越南法令並沒有禁止，所以可以）。這也是我們這場越南醫院的投資案重點：台灣優秀且訓練有素的醫療人員到我們越南這家醫院工作，人才輸出。

配合政府大力推動的新南向政策，透過新南向計畫，強化台灣與東南亞及南亞國家的關係，人才培訓、國際交流，台灣是世界的好朋友。

由於總院長是醫師的身分，花花董請總院長每個月到越南醫院巡視、提供建議、尋找需要的醫療設備資源、醫事人力教育訓練等工作。畢竟總院長是投資人（股東），執行長、現場人員會極力配合，更重要的是蓋醫院這段時間，密切與建築師、室內設計師討論醫療設備資源應該放置的格局、一一〇伏特或二二〇伏特電壓需要的特殊位置、醫療人員習慣消毒／排水線出入口等醫療機構設立事，這若不一一叮嚀，裝潢一封板或樓層一蓋好，很多重要的管線就無法正確埋入，能否勘驗過關是小事，公共安全上的問題、不斷電系統是否正常運作、是否有效病毒／感染控制、醫療廢棄物如何處置，才是第一線醫療人員在意的事。

醫療行為，每一環節都是重點，不容輕忽。

四年過去了，總院長依舊每個月到越南醫院巡視、開會。某日我跟總院長在我們中國西安的醫療院所工作，晚間聚餐時好奇問總院長：「雖然我不是越南醫院的股東，你們這場醫院的投資案，現在剩餘多少資本額啊？」

總院長：「我不知道欸，這要問一下我們越南醫院的執行長。」

我：「花花董應該知道吧，你們投資股金是匯進董娘的戶頭。」

總院長：「我現在直接問一下董娘。」

不問還好，一問之下董娘居然回應：「天公伯啊！錢竟然全部花光了！而且居然還超出！已經負債八千萬新台幣了！天啊啊啊啊！越南這家醫院才剛蓋好，儀器、家具都還沒進去，怎麼辦！只好增資了！」

總院長幾乎要氣炸了，錢怎麼花的居然沒有一一回報，這事太誇張了，才剛蓋好的醫院，要嘛就直接轉手賣掉，要嘛就勢必增資，繼續將頭洗完，不然頭已經淋濕了、滿身泡沫，要怎麼辦？

可是，總院長已投資五千萬新台幣，還沒開始回收，就要再拿出錢來，這誰會心情爽？我不是當事人，就覺得荒腔走板到極點，這事絕對絕對要追究到底！

由於事態緊急，花花董來電說要緊急開個會見面討論。我跟總院長還在中國西安，最快只能後天晚上九點多才能回到台灣，花花董表示就那天吧！屆時會派人到機場接機，直接載我跟總院長到花花董辦公室開會，若可以的話，也盡可能安排一起去越南一趟，跟那位醫院執行長討論要繼續前進或收尾。

掛完花花董的電話，換董娘打電話來了。董娘請我回到台灣後一起開會討論，然後隔一天早上一起飛往越南，這事不能拖，都已經賠錢了，要快不要再考慮！

我：「董娘！董娘！等一下，我不是越南醫院的股東欸，我去開會幹嘛？況且回到台灣的隔天，早已約好媒體訪談，我才剛回到台灣又馬上飛出去，我原本手邊的工作都會打亂，按法律、按分寸，我本來就無權過問越南蓋醫院這些事。」

董娘：「來啦！來啦！機票錢我們幫你出啦！沒有去過越南對吧？我幫你安排最厲害的飯店！這都小事！來啦！順便去玩啦！」

坦白說，我非常不想去，因為跟我無關啊，手邊一堆事還沒處理完。但總院長希望我過去幫忙，至少在法律上注意什麼對我們有利的地方。

總院長：「或許可以去看看那邊的市場，越南這幾年發展蠻驚人。全程的費用就我幫你付吧，你人到就好；對了，回到台灣就一起到花花董辦公室開會，拜託了！我認識那邊一位華裔的律師，或許你們可以交流一下，看看有什麼議題可以一起合作合作。」

我：「要付也要叫花花董付，他這麼有錢。花花董若來回機票、飯店、全程吃飯有的沒的願意付，我就去。喔，我要商務艙，先講好。我先答應回到台灣一起開會事，先聯繫一些工作可能要異動，鳥事。」

中國又在軍機演練，西安機場又被禁止飛機起降，來中國這麼多次，怎麼沒有一次準時？

當天晚上十一點多才回到台灣，有點累了。

但隨即就被接走，抵達花花董辦公室已經凌晨十二點廿五分。

一到辦公室，行李還未放置定位，董娘就走過來迎接。

董娘：「辛苦了！辛苦了！搭飛機累不累？一定累啊！啊想不想吃宵夜？啊！一定想啊！樓下那家滷味、鹹酥雞很厲害，晚上九點攤子才會擺出來，我請人買。對了！總院長、楊總，明天越南機票都幫你們處理好了，我們就一起去哈？」

我（驚）：「董娘！等等！不就待會五個小時後的班機？我有說我要一起去嗎？機場櫃檯報到的時間只剩三小時欸，我行李都還沒拿回家欸，怎麼這樣做事啊？況且我不是越南醫院的股東欸！花花董一開始就明說：『楊總還年輕啦，這場越南蓋醫院的投資案就不讓你跟（投資入股）了；下次有機會再讓你跟喔。』」

四年過去了，居然這場跨國又是斥資上億新台幣的越南蓋醫院投資案，只有幾張台灣的集資合約書，沒有新增合約或任何需要的行政文件？集資怎麼沒有正式登記公司？稅該如何處理？更詭異的是，越南當地聘請這位台幹／執行長，權限範圍如何？誰是這位執行長的主管？總院長表示每個月到越南醫院巡視、開會，這位執行長沒有什麼異狀，算是很認真、勤勞工作的人。

由於我只是局外人，加上礙於時間有限，許多事情的來龍去脈無法一一釐清，只能提供一些初步疑問。當晚回到家已經凌晨兩點多，洗個澡、將在西安的冬季行李換成飛往越南的熱帶衣物，呆坐在沙發上大概十分鐘吧，計程車來到家樓下，又準備去機場。

「幹嘛回家這一趟啊，直接在桃園機場『轉機』去越南不就好了，董娘非常莫名其妙！」我在計程車上嘀咕著。

那天搭的是中華航空A330機型的固定航班。該班機落地越南是早上八點，明顯就是為了台商開設的班機，可以銜接早上九點的會議／研討會之類，機上確實幾乎都是台商。

由於我與總院長前一晚幾乎沒休息，我們一坐上飛機就直接跟空服人員要了兩條毯子，直接躺平。

但我承認有先喝一杯德國產的白葡萄酒，為了讓待會比較好睡。

正熟睡時，聽到機長廣播：「Ladies and Gentlemen, This is Captain speaking. We expect to land at Ho Chi Minh City Tan Son Nhat International Airport in 40 minutes. The estimated time of arrival wil be......（聽不清楚）. The local time now is and the ground temperature is......（聽不清楚）. Please fasten your seat belt. I would like to thank you for flying with us, I do hope you have enjoyed your flight, thank you.」

睡眼惺忪起來詢問空服人員有什麼可以吃的。空服人員去了一趟回來告訴我：「楊先生，準備要降落了，廚房的食物都已經鎖櫃了。」

我（驚醒）：「可是我很餓欸！至少可以給我一杯香檳吧，我保證我會一直拿在手上，不會弄飛，幫我弄一杯，拜託！」

另一位空服人員（應該是座艙長）過來說：「楊先生，準備要降落了，為了您還有我們的安全，所有食物、飲料都已經鎖櫃了。剛剛航程不好意思打擾你們起來用餐，我這有幫您跟隔壁的黃先生留了一些仙貝餅乾，你要拿好喔，不夠我這邊還有。」

我：「好（內心滴血）。」

我要崩潰了我！搭商務艙居然只有吃仙貝餅乾（還有白葡萄酒）！這班機未免也太好睡了吧！我肯定中華航空／空服人員的做法，為了安全考量，標準流程是不容更改的。

一抵達機場，我與總院長先在機場吃早餐，後直接去總院長經友人介紹的一位華裔律師（父母是馬來西亞華僑）主持的律師事務所，研商可能的對策。

由於同是法律背景，我與這位華裔律師溝通起來順暢許多，他認同我許多的顧慮，也覺得非常不可思議。另很有趣的發現，由於台灣、越南皆是大陸法系國家（亦稱歐陸法系），法律直接承襲德國，越南的民法條文／內容次序幾乎與台灣民法相同，這在實務運作上，幾乎可參照台灣的案例進行，免去我們從頭理解越南法律的背景。

這位華裔律師覺得有件事非常詭異，想拉了我到外面談。我表示我們總院長才是真正的委託人，他應該在場。這位華裔律師堅定眼神看著我，不發一語。

好吧，我們到外面談。

職場碎碎念：保持警覺，避免誤事

《聯合報》載：「億圓富達法吸金四十五億，主嫌周瑞慶中秋落網今起訴。二〇一三年化名『陳子龍』設立圓富科技有限公司後，以『合夥金』名義對外招攬投資客，隔年再與旗下成員召開臨時股東會，將公司更名為億圓富投資控股公司，整合財務不健全的公司，宣稱公司已達集團等級，跨足綠能、不動產和食品等產業，擴大吸金規模……」

《自由時報》載：「現今網路發達，末端消費者想找到同好變得容易許多，大家聚集起來跳過批發、經銷、代理，直接向製造商洽談，不僅省錢，還能買到國外才有的商品。也因此，『代購業者』近年如雨後春筍般湧現，但許多人邀集親友投資，一不小心就成了檢調眼中的『吸金集團』，直到被搜索偵辦，才知道自己違法。……基於『好康大家分』的理念，羅女決定擴大經營，但因一人資金有限，她二〇一五年間在臉書上刊登『有沒有人想賺多一點？』對外招攬投資。代購團也因此倒閉。投資人拿不回本金提告，台中地檢署今年五月起訴，羅女才驚覺自己成了『吸金集團』，喊冤表示不知道違反《銀行法》。邀人投資代購事業，乍看之下不是犯罪，但這兩起案件共通點，都有約定給付利息給投資人，與其說是投資，性質更像是『存款』，依《銀行法》規定，存款業務只有銀行機構才可經營，羅女、葉女行為才因此被檢調認定違法。」

類似這樣的新聞，常常在我們身邊發生，甚至我們就是……當事人。

有沒有覺得，花花董邀集這場越南蓋醫院的投資案，怎麼看都似曾相識前面的社會新聞？尤其四年過去了，居然這場跨國又是斥資上億新台幣的越南蓋醫院投資案沒有正式登記公司；倘若公司尚未登記完成，一般來說共同投資者投資的金錢會放在銀行的「籌備戶頭」驗證資本額。

正規的資本額增加過程中，投資人會將自己的資金匯入公司的帳戶，匯完之後，等同於投資人也拿到自己應得的股權（股份有限公司是股權，有限公司是出資額）。公司在準備設立增資的過程中，需要定一個基準日等投資人將資金投入之後，製作經濟部官方需要的法律文件（例如變更登記表及公司章程等等的文件），並且聘請會計師來做驗證資本額的程序，最後將這些法律文件送交登記機關審查，就可以完成公司登記了，其實不難。

四年過去了，只有幾張台灣的集資合約書（民事約定），總院長的五千萬新台幣匯進董娘（投資案負責人）的個人戶頭，這樣不就跟董娘的資金混同？該如何區分投資人利益？

董娘（投資案負責人）的戶頭將資金收回或另挪他用，如何監督、防堵？銀行或會計師驗證資本額的目的是確認資金有到位，據以申請公司設立登記或是公司增資登記，不然就只是虛增資本額，這一般稱為墊資或借資。

共同集資的錢就是要清清楚楚，這極為基本。擁有三百多家小店的「董事長」，更應該留意這事才是。

當時成立之時，總院長請我「過目」他們手邊有的文件，我當時確實有表示：「缺漏一堆東西欸，總院長要不要再確認三思？」

我同意總院長說：「努力比不上趨勢，越南這幾年發展真的很驚人，順這勢如順著河流往前走，在越南隨便都嘛賺。」

越南的局勢，我沒什麼意見；但，事在「人」為，有「人」就有事。

對「人」，我就是有意見。對於花花董跟董娘的做人處事，我一直保持警覺，避免誤事。

「任何人在未經審判證明有罪確定前，應推定為無罪。」這也是《刑事訴訟法》第一五四條清楚給我們對「人」基本的尊重。然而，花花董邀集這場越南蓋醫院的投資案究竟是不是「違法吸金」或「違法集資」？我們常在新聞上看到許多非法吸金集團讓成千上萬的投資人血本無歸，並且一吸動輒數千萬、上億，究竟吸金違反了什麼法律規定、會有什麼樣的法律責任？為什麼國家要立法禁止？

《銀行法》禁止非銀行經營存款業務，因銀行是一種高度管制的特許行業，各銀行得經營的業務項目，由金融監督管理委員會按其類別分別核定，並於營業執照上載明之。甚至有關外匯業務，還須經中央銀行許可。之所以會有如此高度的管制，則是因為銀行的業務事關存款人權益，也和國家的金融發展息息相關。

當我們把錢存到銀行的時候，可以比較放心的原因在於銀行受到國家高度管制，政府也有許多行政上面的要求，來確保民眾存款的權益。但是，如果民眾把錢存到銀行以外的地方，可就沒有這些保障了。

為了禁止非銀行經營存款、匯兌業務，《銀行法》第廿九條第一項規定：「除法律另有規定者外，非銀行不得經營收受存款、受託經理信託資金、公眾財產或辦理國內外匯兌業務。」如果違反這個條文，依照《銀行法》第一二五條第一項規定，處三年以上十年以下有期徒刑，得併科新臺幣一千萬元以上二億元以下罰金。如果說因犯罪獲取之財物或財產上利益達新臺幣一億元以上者，刑罰更重，可處到七以上有期徒刑，得併科新臺幣二五〇〇萬元以上五億元以下罰金。

現在商業模式千變萬化，金融商品愈來愈複雜，違法吸金的方式，不見得會以存款的名義來稱呼。為了避免這些漏洞，《銀行法》第廿九之一條就規定了一些類型，因為性質和存款類似，也視為是收受存款，包括：以借款、收受投資、使加入為股東或其他名義，向多數人或不特定之人收受款項或吸收資金，而約定或給付與本金顯不相當之紅利、利息、股息或其他報酬者，以收受存款論。

換言之，為保障社會投資大眾之權益，及有效維護經濟金融秩序，只要符合：向多數人或不特定人收受錢，約定和本金顯不相當的報酬，不管使用什麼名義，紅利、利息、股息或其他，雖然名義上並沒有稱為存款，也擬制是經營收受存款業務，都是法律禁止。

如果犯罪行為人是透過詐術的方式，比如佯稱公司財務狀況很好，可以提供資金借給其他上市櫃公司來獲取高額利潤，來欺騙投資人投資，或花花董邀集這場越南蓋醫院的投資案又或前面報載的社會新聞，話術宣稱：「賺錢超級容易的啦！跟我一起賺沒風險啦！賺死啊！（台語）」吸引投資者投資，這類情況都可能會構成《中華民國刑法》第三三九條的詐欺取財罪。

違法吸金集團就是為了把投資人的錢放到自己口袋，必定會設計很複雜的機制，透過高明的話術來吸引民眾，像是「高投資、零風險」、不論投資標的漲或跌，都可以獲利；但這些話術的背後，也就違反了《銀行法》的規定。

會不會是我錯估了這件事？錯判了好人？就法律人的法感判斷，花花董邀集這場越南蓋醫院的投資案，這件事就讓人警報大響。

突然就想起我大姑還在世時（大姑丈是很傑出且知名的企業家），當初考慮棄法從商時，打了通電話請教大姑的意見，大姑只有給我四個字緩慢吐出說：「人．心．不．古。」要求我務必牢牢記著。

這四個字，至今我一直放在心上。

十二、併吞資產的計謀

接續前章節事件……

我們總院長帶我到他投資的越南醫院，位於郊區。這座地上十六層、地下五層的建築，應該是方圓百里最高的建築物，難怪才剛動土就引發當地人的好奇。

不過四年過去了仍未完工，讓我對越南的工作效率有點不可思議。不過我努力忘記自己是個台灣人，不要把台灣的思維習慣、價值觀帶到當地文化。把自己在台灣得到的所有既有印象先歸零，像個新生兒一樣探索這個新世界。

一進醫院大廳就是三層樓高的挑高空間，左右各有一扶梯走向二樓交會，這是在電影中常見的宴會場景。最引人震懾注目的是從天花板而下的巨形水晶燈，華麗毫芒雕刻呈現閃爍發光，稱為令人嘆為觀止的藝術品，都尚嫌不足以形容。

「這裡未免太不像醫院了吧！」我驚訝地說。

花花董：「有水嘸？有水嘸？（台語：有漂亮嗎）啊！你們居然比我跟董娘早到！」

我：「有水！真水！（明明我們早上是搭同一班機）」

總院長：「我們剛還去越南律師那邊一趟了。」

花花董：「唉呦！總院長，我們這邊有請律師了啦！幹嘛還自己找？我處理，我處理！」

總院長：「我投資這五千萬是跟我爸借的欸！現在發生這種鳥事我還沒跟他老人家說，我總要請專業的人幫我蒐集證據吧？」

董娘：「免啦！免啦！我們越南當地主管認識一位很厲害的律師，當過越南的法官喔！金厲害！蓋厲害！她待會就會過來跟我們開會，我們請這個律師就好了啦！幹嘛還自己找？浪費錢！」

總院長：「那我也叫我那位華裔律師過來一起開會，等他一下。」

等待期間，總院長帶我各樓層參觀，花花董、董娘也一一介紹現場正在職前教育訓練的同仁，只是還未正式營運，這些同仁似乎覺得每天都重複上同樣的課程，顯得一副無精打采的樣子。

也似乎猶豫著自己要不要繼續待在這不確定未來的醫院。

醫院除了大廳富麗堂皇，其餘樓層空空蕩蕩，連手術房設備、簡單的醫療儀器都還未進場，這些同仁要練習什麼？居然已經負債八千萬新台幣了，真是驚人！光是人事費就繼續燒錢。

大家都來了，我們就在一毛坯空間（想像是會議室）開會，只有折疊椅，沒有桌子。

我就坐在總院長旁，華裔律師本來在對面，拉了張椅子示意要坐我旁邊。很奇怪的是，明明是空蕩蕩的大毛坯會議室，大家不是聚集討論，而是成一大「ㄇ」字形排列（那時又還沒發生新冠疫情，為何要保持安全社交距離一．五公尺？），花花董就在「一」字形正中間，成了會議主席，由兩邊隔空對話、討論。

要嘛也應該是總院長擔任會議主席的位子，畢竟投資股份的數量代表說話的聲量，總院長才是這場投資的最大股東，這明顯不符商業慣例。擁有三百多家小店的董事長不知這樣的分寸，這是禮儀出了問題？還是我的多慮？

華裔律師靠近我耳朵悄悄問我有沒有「微信」，有的話就彼此加一下。

我們在中國西安有分院，微信我當然有。

我們請越南當地的這位台幹／執行長整理出歷來的採購收據、發票，大家輪流過目。「四年多來就只有這麼一小疊採購收據、發票？」我好奇問。

台幹／執行長：「越南這邊買東西很常沒有收據、發票。」

董娘氣呼呼指著帳單明細說：「這個這個（指）也算我們的嗎？我不要！給我扣掉！還有那個那個（指）也算我們的？我不要！給我扣掉！還有外頭那棵樹，我也不要！」

台幹／執行長：「董娘！妳講的這些東西都在醫院建築上了，要怎麼打掉？」

其實我也覺得董娘提到的事根本不是重點。

我：「（大叫）等等等等一下！這筆是什麼？我看不懂越南文，這發票數字太驚人！折合新台幣是多少？幫我算一下。」

台幹／執行長：「那是樓下大廳的水晶燈，新台幣……一千五百萬。」

全場人員：「什麼！那盞燈要新台幣……一千五百萬？」

台幹／執行長：「總共是十萬顆水晶手工製作。先前花花董還有總院長跟室內設計師討論，一進醫院大廳就是要三層樓高的挑高空間，這樣的大廳需要有氣勢的大燈，我特地到工廠請師傅製作，上個月總院長來醫院巡視，開會中也一直稱讚很壯觀、漂亮。」

總院長：「我說很壯觀、漂亮不代表同意用這個價錢買！我以為妳有控制預算！」

講著講著台幹／執行長就哭出來了，表示非常委屈，她的先生在一旁抱著安慰她說：「這幾年我看著我太太到處找合作機會、找廠商估價，每天上班到晚上九點還沒有回家，這麼拚命卻犧牲跟小孩跟我的相處時間，我很早就叫她不要做了，偏偏她說沒有將這棟醫院弄起來，很不甘心……（哽咽）。」

執行長的先生說著說著也哭出來了，這是什麼情形？

花花董圓場說：「唉呦！辛苦了！總院長也都說執行長很認真工作，辛苦妳了！不如我跟總院長討論一下，看要增資多少將醫院繼續設立完成，或……直接轉手賣掉。啊！賣掉可惜啊，這棟醫院這麼水，幹嘛拱手讓人！越南這幾年發展越來越驚人，這邊投資的台商都說越南賺錢超級容易的啦！賺死啊！（台語）幹嘛拱手讓人！我有信心就是要稱霸這裡最大、最賺錢的醫院！」花花董堅定地說著。

喔！原來這位據說當過越南法官的厲害律師不會中文，旁邊的翻譯同步在跟她溝通；我也完全聽不懂她們在說些什麼，越南話怎麼聽起來每一句都一樣？

華裔律師傳了微信文字訊息給我，問我有無收到，我看了一下。

由於還需後續討論，這場會議沒有決議。

天已漸黑，花花董請司機同仁載我們去吃當地很厲害的歐式自助餐，順便討論這件事。

吃歐式自助餐要怎麼討論事？我很納悶。

確實是很厲害的歐式自助餐，海鮮種類超多，居然還有生鮮海膽吃到飽！越南果然是鄰海的國家。當晚也確實沒有討論越南醫院事，我不意外。

反正放鬆一下，吃得有夠爽！

下榻希爾頓酒店，我個人第一次住這家連鎖飯店，印象很不錯。

當晚，總院長好奇問我這位華裔律師拉了我到外面談了什麼？傳了什麼微信文字訊息給我？明明他才是真正的委託人，為何不讓他知道？

「我們討論法律事啦，重點是總院長你有什麼想法？這樣我們比較清楚如何出手。」我說。

「我覺得花花董怪怪的，越想越不對勁。」總院長說。

我：「你從哪裡感覺到花花董怪怪的？」

總院長：「我覺得……這場越南蓋醫院的投資案……花花董是利用我的醫療專業幫他監工、找資源，將醫院從無到有到地上十六層、地下五層的建築。由於我是這場投資的最大股東，四年多來每個月來到這裡的機票、住宿都是我自己負擔，畢竟最大股東跟公司請款報帳，還不是都是自己的錢挪來挪去，所以都是自費。但……越想……（哽咽）越不對勁，明顯我是出最多錢、最多力氣、付出最多時間的人……（哽咽）讓『這個賤人』風風光光囂俳當老闆！」

我：「對啊，明明總院長才是這場投資的最大股東，今天下午開會，『這個賤人』自己自動擔任會議主席的位子，這超級不符商業禮儀。而且……，現場沒有人異議這樣不符慣例，我甚至懷疑……，這位台幹／執行長的剩餘價值用完了，花花董跟董娘這趟要我飛來一起處理她，不然花花董跟董娘平常哪會鳥我啊！對了！總院長，這趟來回機票、飯店真的是董娘幫我出的嗎？就我這幾年認識他們夫妻，他們怎麼可能這麼禮遇我啊？」

總院長：「這趟來回機票、飯店都是我出的錢，我要你幫我看看有什麼可疑之處，順便蒐證，所以今一早脫隊去華裔律師那邊，不然明明我們早上都是搭同一班機，理應同進同出。」

我：「果然，被我料到！花花董跟董娘這種輕諾寡信慣犯的人，往往是我們被當盤子，怎麼可能突然慷慨起來？還商務艙咧！又是說到不做到，總院長你親眼目睹到了吧！你還相信『這個賤人』承諾過的事？說什麼『賺錢超級容易的啦！跟我一起賺沒風險啦！賺死啊！（台語）』根本就是慣性詐欺犯！」

總院長：「我是這場投資出最多錢的最大股東，今我特定飛來這裡卻沒讓我暢所欲言，會議匆匆了事。我甚至嗅到……『這個賤人』設局讓我們來到這裡，逼退我放棄（退出股份）……（哽咽）。」

我：「誰知道是不是『這個賤人』跟這位台幹／執行長早就計謀A總院長你的錢？這位據說當過越南法官的奇怪律師從頭到尾都在用越南文交頭接耳，我們華裔律師就用微信告訴我說要小心『這個賤人』，他不是我們這邊的人。」

總院長：「華裔律師真的這樣講？」

我：「你看，他微信上面就是這樣寫啊，而且還提到這有『背信罪』的問題，順便問我台灣的刑法有沒有類似『背信罪』的法律規範。」

總之，我人生第一次到越南、第一次住希爾頓酒店這家五星級飯店，卻沒有使用飯店任何設施、哪也都沒去逛逛。

All I can say it my job is definitely NOT boring!

回到台灣後，總院長莫名其妙一直發燒，卻找不到原因，高度懷疑是攝護腺發炎引起，但一過月過去，體溫仍未降回正常溫度，自己身為醫師，覺得這樣的狀況很不單純，遂安排住院觀察，順便檢查身體。

很詭異的是，怎麼檢查都找不到異常原因，仍舊發燒不退，多處神經疼痛、精神也出現異常，這麼一住院，就住了一個多月。

由於總院長自己身為醫師，住院期間查詢不少臨床文獻，後來發現是Fluoroquinolone類抗生素藥物（氟喹諾酮系，FQ）嚴重不良反應（藥害）。這種抗生素是非常萬用且已是卅多年的老藥，被廣泛應用在呼吸道、消化道、泌尿道等感染症狀，我們常服用的感冒藥也有這類抗生素，甚至藥局就買得到；但美國食品藥物管理局早就將該藥可能對特定族群增加主動脈剝離或主動脈瘤破裂等嚴重不良反應風險，要求藥廠在所有這類抗生素藥品仿單新增警語。

由於總院長自己身為醫師發生這樣的憾事，諸多媒體報導。《大愛新聞》、《蘋果日報》、《報導者》等媒體深度的專題報導「黑色警戒抗生素，台灣卻年吃一千七百萬顆！醫師也疑成『氟毒』藥害者」曝光後，引起我們衛生福利部的藥物政策被高度關注。衛生福利部因為總院長藥害事件，遂建議臨床醫師將Fluoroquinolone類抗生素「不要當作一線用藥」，並要求這類抗生素的口服及注射劑型藥品仿單新增相關警語。

花花董跟董娘看到這新聞，打了數通電話給我，問我為什麼總院長不接電話？一再詢問並確認總院長是不是無法工作了？無法工作就好好休息，不要勞煩工作上的事，他們會幫忙處理，不用擔心。

總院長出院後，身體仍未康復，遑論可以回到工作崗位。花花董打了通電話告訴我說，既然總院長無法工作了，花花董投資我們該醫療品牌以及越南的醫院，某位謝醫師願意承接購買；不過提醒要出讓就要快，屆時該位醫師反悔不願意購買，之後有沒有買家就不知道了。花花董建議不如就一起賣掉，這樣專心養病，不要操煩這兩件事。

我將此訊息轉達給總院長，總院長簽了授權書請我幫忙處理兩件事，因為不想跟花花董這種人繼續合作了。

簽約當天，約在花花董的辦公室，我與我們集團協理一同出席，花花董就坐在該位願意承接的謝醫師旁（花花董不應該坐在我們這一邊？果然身體很誠實）。謝醫師表示願意以六百萬元新台幣購買總院長與花花董投資該醫療品牌的店家（總院長股份）以及越南的醫院（總院長股份）。

「等等！花花董沒有要退出？光是越南醫院總院長就出資五千萬新台幣欸！總院長一定不同意！」我激動說。

「你到底有沒有總院長的授權？有就趕快簽！人家謝醫師好心在這種時機願意購買，之後能不能賣出去誰知道！」花花董氣憤地說。

我當場打電話給總院長，請他指示我的下一步。總院長表示若謝醫師願意以六百萬新台幣購買，總院長馬上請我們另一位股東醫師以一千萬新台幣購買這兩個品牌。

花花董當場回應總院長電話：「這樣不行啦！謝醫師願意承接購買欸，幫你管理這兩個品牌，讓你專心養病，不要操煩。」

總院長：「你是有什麼問題？跟你合作這兩個品牌，我都是最大股東，我有過半的決定權！況且我們另一位股東醫師願意以更高價一千萬新台幣購買，這對『我們』都有好處。你自己身為這兩個品牌股東，憑什麼不賣給出價高的人，反而想賣給出價低的人？擺明就是跟謝醫師事先『講好了』！」

我永遠會記得花花董當時猙獰的嘴臉，根本就是企業外遇！又是「講好的事」，有夠骯髒！明顯就是花花董認為總院長藥害無法工作，已無利用價值，早就計謀好將總院長踢出去，繼續跟其他醫師合作，非常商人的如意算盤。

當晚，我的Line傳來一訊息：「學長，方便通話聊聊嗎？」接起Line電話，今下午要簽約的謝醫師來電。

謝醫師是我大學小一歲的醫學系學弟。由於我們法律學院與醫學院在同一校區，軍訓課、體育課等通識課程會跨屆／科系一起上課。謝醫師問我們跟花花董合作是發生什麼事？謝醫師表示花花董在兩年前就非常有興趣跟他合作新品牌，只是一直還在觀望。近日花花董急促慫恿他承接購買這兩個品牌，花花董可以幫他出一半的錢，心想花花董真是豪邁大方的人，反正超值划算，遂把握機會，怎知我們居然在這樣的場合遇上！

我們聊完這通電話，最後學弟傳來Line訊息文字：「學長，我知道該怎麼做了，你．等．著．看！」

之後幾年，我們就沒有任何對話。

職場碎碎念：惡貴人也是我們人生中重要的貴人

這不是鬼故事，確實是真實發生的事。

認識花花董、董娘這幾年，見識到「罄竹難書」在一對夫妻身上發揮到如此淋漓盡致；礙於篇幅，學弟／謝醫師之後還有非常精彩的發展無法陳述。

現實生活往往比電影／八點檔連續劇還要誇張、匪夷所思、毛骨悚然！

當初決定想讓花花董的事業加入我們某品牌合作，我曾說：「也許花花董會是我們人生中重要的貴人吧。」後來其他合夥醫師常拿這件事戲謔我說：「惡貴人也是我們人生中重要的貴人。」

是啊，我們都太同溫層了。受過教育的人反而綁手綁腳，很多事不可以做，也不敢這麼做，總提醒自己應該對國家／社會做些什麼有貢獻的事。

許多專業領域都有倫理規範，醫療倫理、法律倫理、社會工作倫理、教師倫理……；幾乎在商場上沒有人談論「商業倫理」，難道企業或企業主不需「善盡社會責任」？

大多數的企業或企業主在做決策時，往往忽略了倫理道德的因素。一般人對商業倫理並沒有很明確的概念，認為商業活動的目的就是要追求利潤，要談倫理道德是不切實際；但是近年來隨著商業型態的日益複雜，所要面對的問題也越來越多，因此商業倫理也成為非常重要的議題，大家開始會用倫理道德的標準要求企業。企業除了思考如何獲取利潤之外，更要思考如何以符合倫理道德標準的方法來獲取利潤。

當我們要將倫理道德的規範擴充應用到企業的行為準則時，會發現一般人認為商業和倫理道德應該是沒有關係。這種商業與道德無關的觀念（The Myth of Amoral Business）反應了我們常說的「士、農、工、商」，「商」總是擺在最後一位。我們也常說「無奸不成商」，這些都反應了我們對商業根深柢固的看法，但這並不代表商業可以不道德，可以為所欲為、不擇手段的賺取利潤。商業活動還是必須遵守法律規範，在合法的範圍內賺取最大的利潤。從現在人們對於商業倫理的要求標準越來越高，揭發許多有關商業醜聞弊案的報導，大家對於環境保護問題也越來越重視，還有越來越多的勞工爭取權利。以前我們比較少聽到有關這些問題的討論，並不代表以前沒有商業倫理概念與應用。

這事我跟花花董提過，花花董非常不屑，覺得狗屁不通。嘲笑我這人腦袋ㄉㄧㄥˇ

摳摳！書念到死腦筋不知變通、不會善用人脈資源送紅包！

不在同一頻率上，該如何一起努力？該如何教育？也難怪我多次婉拒董娘的好意，不吃魚翅，換來只是被董娘譏罵：「好心予雷唚。」

「商業倫理」或者說對人憐憫、愛護這個世界，這些都與學歷程度無關，卻與公民教育、社會教育，息息相關。

總院長的五千萬新台幣匯進董娘（投資案負責人）的個人戶頭，作為台灣人集資建立越南醫院，不覺得這舉動非常不正常？特別是擁有三百多家小店的「董事長」，更應該留意這事才是。共同集資的錢就是要清清楚楚資金流向，這是非常起碼自清的做法。

然而四年多來未正式設立登記公司，如今公司若要增資該如何處理？就算是公益團體在路上或便利商店桌上募款，都需主管機關立案備查，因為避免公益款項遭挪用或任何不法企圖。

〈公益勸募條例〉第一條立法目的即清楚規定：「為有效管理勸募行為，妥善運用社會資源，以促進社會公益，保障捐款人權益，特制定本條例。」並詳加規範公益勸募團體應於郵局或金融機構開立捐款專戶，並於公益勸募活動開始後七日內報主管機關備查。民眾亦可要求公益勸募團體出示主管機關許可公益勸募活動之公文，並要求開立公益勸募收據，收據上應記載主辦單位名稱、立案字號、主管機關許可文號、捐款人姓名、捐款金額，並蓋有經手人、負責人印章及團體圖記等資料。違法之公益勸募活動經制止仍不遵從者，處新臺幣四萬元以上廿萬元以下罰鍰，並公告其姓名、違規事實及其處罰，經再制止仍不遵從者，得按次連續處罰。

資金流向本來就要受到嚴密的監督，特別是大家集資的錢，這牽扯到不只是個人的資產，就連公益勸募都要保障捐款人權益並避免公益款項遭挪用或任何不法企圖了，何況動輒百萬甚至千萬的事業投資？

董娘身為投資建立越南醫院案負責人，投資人的鉅款進入個人的戶頭，無法說明投資款項流向，這明顯欠缺保管人之責。理應避嫌甚至利益迴避而催促設立登記公司、設立越南醫院案專用銀行帳戶。

然而卻沒有，匪夷所思。

董娘明顯觸犯刑責頗重的「背信罪」（非告訴乃論之罪）。《中華民國刑法》第三四二條「背信罪」：「為他人處理事務，意圖為自己或第三人不法之利益，或損害本人之利益，而為違背其任務之行為，致生損害於本人之財產或其他利益者，處五年以下有期徒刑、拘役或科或併科五十萬元以下罰金（第一項）。前項之未遂犯罰之（第二項）。」

白話來說，「為他人處理事務」的行為人，如果「有意圖」且為了自己或第三人的不法利益去「違背他自己的任務」，導致「損害到被害人的財產或其他利益者的權利」，會判處五年以下有期徒刑、拘役或科或併科五十萬元以下罰金。主觀上，行為人（董娘）需要「意圖為自己或第三人不法之利益，或為損害本人之利益」，也就是說行為人需要故意為此犯罪行為，始構成本罪，所以本罪不處罰過失犯，若有過失為上述行為者，則應自民法上就其當事人間之法律關係（例如委任關係）處理之。

附帶一提，即便是未遂犯也會處罰，因為罪行重大。

行為人（董娘）與被害人（投資人／總院長）之間必須要有「委任或請託」這層關係，例如老闆僱用員工、住戶委任管委會、個人委託朋友或律師處理事務、總院長與董娘的集資合約書（民事約定）明定董娘為投資案負責人，皆屬「委任或請託」為他人處理事務。

行為人（董娘）並沒有妥善處理被害人（投資人）當初所交辦的任務（違背任務的行為），或是在處理時做出違背諾言、違反誠信的舉動，導致最後被害人的權利受損，不論是本身有積極的具體行動，或僅是消極沒作為，眼睜睜讓憾事發生，只要違背自身任務都算在內。

明知做這件事情或這項不法獲利會傷及被害人（投資人）的財產權益，但還是執意、刻意要做，或根本一開始就是故意要藉由損害他人權利來從中獲利，不論是「為了自己或他人的獲利意圖」，或只是有「損害被害人權利的意圖」，只要滿足其中一項都算！

由於背信罪屬對社會危害重大，故為「非告訴乃論」之罪。經被害人提告後，就算後來反悔或已經跟加害人和解，想撤回告訴，檢察官還是可以繼續偵辦，並根據犯罪事實依背信罪起訴被害人。被害人就算沒有提告，檢察官也可以自行偵辦案件，或直接提出背信罪公訴，讓法官進行裁決。

即便是未遂犯／未得逞不法所得也會處罰。

越南事件後，我隨口問了合夥醫師們一句：「你們覺得自己永遠都是對的嗎？」原本合夥醫師們一致認為我（法律人）受的教育就是愛猜忌、預設立場、喜歡挑撥離間、醜化資本主義的企業家、什麼事都妖魔化往壞處想。在這次越南事件後，我們所有合夥醫師們，突然被打醒了，認清了花花董、董娘這一對夫妻。

其實我這幾年來也在檢討，明明應該看起來很清楚的事，為何法律界跟醫學界在一起共事，常常互看對方不順眼？我個人的觀察是：「醫師是天之驕子，從小受到眾人無數的稱讚，對於自己的神蹟展現出的態度一直很謙虛，從來不吹牛或是誇張自己的成就，並不斷努力精進，但就是不太能接受別人否定的言語。簡單來說，就是認為自己做的所有判斷都是『對』的。」

的確沒人喜歡聽到被否定的言語。法律人何嘗不是天之驕子？但是法律人的訓練過程就是假設自己都是「錯」的，因為現在幾乎有無限的資訊必須消化，而法律人常要在面對無限的不確定性之下做決策，避免陷入錯誤，時時保持懷疑，是種安全。

法律訓練有很多甲說、乙說、丙說、實務見解，最高法院打臉高等法院的判決，教授評析司法院大法官解釋文的見解。也就是說，連大法官的解釋文都需要被檢視（大法官之間也常有解釋的意見不盡相同時，需附帶不同意見書），縱使過去是「對」的，不代表現在依舊是「對」的。

所以就在與花花董正式簽約我們某一品牌的投資案，當晚我就覺得這一步棋，可能是「錯」的。先假設自己可能有所不足，之後安靜下來仔細觀察對方，證實自己的感覺是不是真的「錯」了。

我錯了嗎？好像又長大一些了。

十三、政府大官的情緒勒索

曾經非常榮幸收到駐台北印尼經濟貿易代表處的邀請，參加「印度尼西亞共和國國慶慶祝酒會」，台北君悅酒店三樓凱悅廳。近距離與多位越南政商界名人交流，使我們的聲音有機會傳達給有關部門或機構，建構共贏關係。

第一次見到南部某選區立法委員（以下簡稱「便當委員」），就是在這場國慶慶祝酒會。我們被安排坐在一起，有機會聊聊天，發現便當委員與我的母親同樣是客家人，感覺彼此距離又近了一些。

由於我們生醫集團在越南有投資醫療院所，另有國際醫事人力仲介／派遣公司，也正籌備印尼雅加達的醫院，宴席當中也反應產業界協助政府推動「新南向政策」的實務困難與建議，尤其是許多新南向國家都有高等教育人才以及醫療人才培育的系統問題，正好是台灣可以介入協助的地方。一旦建構起優質的品牌形象，就能加深對方對台灣的需求度，這有助於開創雙邊政府進一步洽談合作關係，這才是新南向政策最重要的核心意義。

我甚至認為可以藉由民間產業界，將台灣好的高等教育資源、優質的醫療人員，用來協助有需求的新南向國家，對台灣內部不僅增加國際化與競爭力，對外也能建構優質的「品牌形象」，並強化對台灣的需求度，將有助於雙邊政府開創對話機會。民間產業界更可以製造各種需要官方接觸的機會，讓台灣與新南向國家有機會以政府對政府接觸（人總要坐下來談，才有機會認識，就像我認識便當委員）。人與人接觸多了，就有機會互相幫助；政府對政府接觸多了，我們就融入東南亞的國際社群，才不會老在外交上被打壓。

便當委員覺得我有很多「新南向」的第一線產業界看法，遂邀請我參加隔一週的「越南社會主義共和國國慶慶祝酒會」，同樣在台北君悅酒店三樓凱悅廳。

在越南國慶慶祝酒會那天，見到好多立法委員朋友，大家在輕鬆但正式的場合中交流，更重要是為了慶祝、重新認識越南。當晚我被安排和我在學生時期的老師坐在一起，老師即將上任由總統提名、經立法院行使同意權後任命的職位，以下簡稱「大官老師」。

由於事涉敏感，我只能以此模糊點到。總統提名、經立法院行使同意權後任命的職位計有：「司法院大法官、考試委員、監察委員、審計長、檢察總長等職。」

由於我大學及研究所時期諸多老師皆擔任過政務官，嚴忌對號入座。另此故事並非是與我互動頻繁的王增勇老師（促進轉型正義委員會，簡稱「促轉會」），「促轉會」委員由「行政院院長」提名，另經立法委員行使同意權同意後任命，並非我前述所指的總統提名職位，故先予澄明，勿影射對號入座。

大官老師知悉我們正籌備印尼雅加達的醫院，剛好他上任由總統提名的職位之前有一段空檔，已安排到印尼演講。我當下表示或許可以同進出，順便瞭解一下當地文化。另坐一旁的友人許姓立法委員湊近表示剛好立法院尚未開議，也可以一起去雅加達，特地拜訪駐印尼代表處大使及駐外同仁，瞭解「新南向政策」執行狀況。

我靠近許委員耳邊悄悄說：「欸！可是你們立法院不是即將要審查大官老師的任命同意權？這樣一起去，好嗎？」許委員皺起眉頭說：「嗯！我想一下……，晚點回你Line。」

反而在越南國慶慶祝酒會沒跟便當委員多聊聊天，畢竟在這種場合，檯面下進行的事可以很多。

由於我身為醫療產業經理人，一直以來積極推動醫療人權，大官老師認為台灣、印尼雙方在身心障礙國際援助等領域的交流與合作、拓展新南向各國合作的可能，詢問我是否有認識台灣的身心障礙團體，或許可以一起為台灣、印尼雙方做些事。我回應剛好中華民國身心障礙聯盟祕書長滕西華是我非常要好、從學生時就認識的好朋友，大官老師開心地說：「太好了！我們明天就去拜訪祕書長滕西華！」

我：「明天？老師，我要確認一下明天行程欸。」

大官老師：「你不是很關心弱勢？這是台灣、印尼兩國的身心障礙者權益，你的工作有比這事情重要？」

我：「老師，我……我……跟西華確認一下，問她明天是否可以。」

詢問西華，西華分享印尼是世界第四大的身心障礙國家，但由於醫療儀器產業落後，關稅政策亦影響障礙者輔具、輪椅等進口。印尼同時是世界上最多的穆斯林人口，人口排名世界第四；但長期醫療投資偏低，若有機會促成台灣、印尼雙方在身心障礙國際援助，非常樂意幫忙。但該週需到立法院密集開會，最快可以是這週四中午的空檔，我們在身心障礙聯盟辦公室便當會議中討論。

我將這事轉達給大官老師，老師興奮地說：「好！我們週四中午就去拜訪祕書長滕西華！」

我：「老師，我……，我……要確認一下這週四中午是否可以，又或者老師一人過去？」

大官老師：「你不在就不用談了啊！你不是長期推動病患人權？中午少吃一頓飯沒關係！年輕人要趁年輕為國家多做點事！」

我：「好，我知道了，當天介紹西華給老師認識。」

週四中午很開心見到西華，身心障礙聯盟辦公室搬到中山捷運站後，第一次光臨。當天收獲非常多。由於我們生醫集團正籌備印尼雅加達的醫院，期望提升印尼的醫療素質；另一方面藉由「大官老師」即將上任大官身分，聯繫台灣駐印尼代表處居中促成「台灣／印尼身心障礙者／輔具技術發展與捐贈」及運送暨海關事宜，促進台灣／印尼雙方在障礙者國際援助的交流與合作，分享台灣的醫療政策、經驗，促進雙方經濟往來、外交合作，或許可藉此接觸印尼官方的機會，讓台灣與更多新南向國家有機會進一步交流。

大官老師：「太好了！太好了！我們外交處境要突破了！惠中，就由你來擬『台灣／印尼身心障礙者／輔具技術發展與捐贈計畫書』喔！」

我：「啊？老師……，好，我下週五給老師。」

大官老師：「惠中！依你的能力怎麼會需要寫這麼久呢？我非常看重你啊！不要讓我失望啊！」

我：「那麼……，老師希望什麼時候收到？」

大官老師：「明天吧！這事太重要了！我趕緊聯繫台灣駐印尼代表處大使，喔！外交部也要請他們做點事！喔！對了，關稅問題是經濟部！請經濟部官員一起幫忙！惠中！就明天晚上前給我完整的計畫書吧！我相信你的能力，過去論文寫得這麼好！絕對沒問題啊！」

我硬著頭皮，當天處理完自己手邊的工作事，繼續留在辦公室趕擬「台灣／印尼身心障礙者／輔具技術發展與捐贈計畫書」；隔天仍有例行的會議、媒體訪談、店家緊急狀況待指示、政府機關稽查……。我硬擠出空檔，手機隨時筆記計畫書內容，一秒當作三秒用，扒著中午的便當，另一手還在Key in進度，準時在隔天晚上前交給大官老師計二萬餘字完整的計畫書。

大官老師：「我就說啊！絕對沒問題啊！我們趕緊來聯繫相關各部會，讓各部會有一些『成績』寫入年度報告。」

大官老師果然是即將上任的「大官」！相關各部會接獲這計畫書後都動了起

來，指派了相關人員專案處理這計畫，大官老師也囑咐我要好好辦理這台灣、印尼雙方在身心障礙國際援助等領域的交流與合作。

外交部、內政部舊同事及衛生福利部／社會及家庭署、護理及健康照護司同仁告知我，這趟跟大官老師到印尼的第三天，剛好在雅加達有辦一場關心身心障礙者的園遊會。據消息，印尼的社會福利部部長以及海外移工安置暨保護局局長皆會出席剪綵，或許能藉此安排大官老師及駐印尼代表處大使接觸印尼官方的機會，當天也會安排媒體記者採訪記錄，讓台灣與更多新南向國家有機會進一步交流、被看見。

大官老師知悉後非常開心，當天下午找我到「台北光點」喝杯咖啡慰問、聊聊；但覺得還能再做更多事，大官老師婉轉地說：「惠中，你本身也是公共衛生／傳染病防治的專家，我們既然都這樣去了一趟印尼，你總要給自己一點『成績』吧。台灣、印尼雙方在傳染病防治上能否有一些合作？需要請哪些部會官員一起幫忙？就擬個計畫書吧！以前我們連這些機會都沒有，惠中非常幸運又幸福，有這麼多人幫忙啊！」

頓時感到焦頭爛額，因為我本身有自己的工作。但確實覺得大官老師的建議難得，機會的營造需要「天時、地利、人和」，既然相關各部會已調度相關人員專案處理這計畫，就再擴大計畫吧！

就在我們這趟印尼行，硬是安排舉辦「新南向政策：台灣、印尼醫療衛生合作潛能研討會」，期望透過台灣與印尼政府及民間代表的交流對話，嘗試探討雙方在醫療公衛議題之合作潛能與項目，邀請印尼世界事務協會副會長Mr. Ibrahim Yusuf致詞中揭開序幕，並由印尼衛生部疾病管制總司蟲媒及人畜共通傳染病防治司司長Dr. Elizabeth Jane Soepardi進行專題演講，接續進行「台灣、印尼全民健保與疾病管制合作」及「台灣、印尼衛生醫療領域之潛在投資與合作機會」，強化疾病監測、評估及降低疾病風險、群聚疫情控制、運用科技技術提升品質以及促進民眾參與，希望藉由台灣公共衛生的傳染病防治經驗，降低傳染病的死亡率。彼此分享登革熱的防治共通性策略，建構未來在登革熱防疫相關技術能力方面的合作潛能與需要。

令人欣慰，該場政府及民間代表的交流對話研討會非常成功。在我們這趟印尼行，硬是多了一行程：「受邀印尼JAWA商業電視台訪談分享『台灣醫療人權經驗』」，這也是我人生第一次在國外當地電視台接受錄影（全英文）專訪的特殊經驗，為台灣發「聲」。

職場碎碎念：每個人有自己做事的優先順序

台灣的醫療衛生和教育發展應可作為亞洲各國模範，協助推動印尼健康醫療系統的健康識能與溝通整合，減少無謂的醫療支出，並倡議用資訊科技協助醫療照顧，提升對病患／民眾的服務品質

由於印尼幅員遼闊，又是多島的地理環境，我們「台灣／印尼身心障礙者／輔具技術發展與捐贈計畫」，協助國際援助交流與台灣／印尼外交友誼合作，卡在最滯礙難行的是後續維修不易，因印尼當地無足夠的相關專業廠商及技術人員，多島的地理環境本身在國家管理上是一大「障礙」。

我們願意捐贈物資，也必須考量受贈者需不需要、會不會用、後續維修是否齊備、延伸費用是否有能力負擔？單純的給，是一種非常不負責任的幫助。

「我捐贈是為你／妳好！」不該成為情緒勒索，要求對方做出違背個人甚至是國家意願。捐贈國家更不應該以一施捨者的高姿態看待受捐贈國家，否則就某種程度來說，這只是一種演戲、作秀的成分。

假藉善良進行特定目的，充其量只是自私、炫耀的工具，這種過度包裝若被人拆穿，還有誰、哪個國家敢接近？連合影都不知道是有什麼奇怪的動機。

縱使是受捐贈國家，也應該原原本本地受到尊重。況且，印尼本來就比台灣大得多，孰強孰弱，從哪方面來看，很難說。

這是我在社會福利中學到的事，外交目的在於建立能夠滿足彼此需求的關係，更應該謹慎，維護彼此交往的信任，國家級的友誼合作。

坦白說，從大官老師身上讓我學習到非常多，但常常讓我感受到情緒勒索。當然正向來看，我欣慰被人看重、接受提拔、挑戰自我的極限；可是每每完成大官老師的請託囑咐，喜悅鬆一口氣之餘，總覺得被利用。

而且都是非常冠冕堂皇的理由被利用，讓我無法逃避，只能繼續接手往下走。

可是我並不開心，我坦白說。

「以前我們連這些機會都沒有，惠中非常幸運又幸福，有這麼多人幫忙啊！」從這句話語中，可見人會以一己的經歷來開導人，來試圖化解對方所面對的困境。雖然分享自身經驗的確是其中一種開導別人的做法，但在話語中帶有一種居高臨下的優越感。這種優越感使得對方不但沒有受到慰藉，甚至更因這些「成功經驗」而受到傷害。而這種優越感出現的原因，是因為我們先預設了強者與弱者關係的想法，認為我作為「過來人」是人生難關的優勝者，視對方就是「卡關」的弱者。

大官老師：「你不是很關心弱勢？這是台灣、印尼兩國的身心障礙者權益，你的工作有比這事情重要？」

說實話，這就是很典型的壓迫。試圖將自己人生的標準放大到社會國家，無視對方可能有自己社會責任的優先順序。站在自以為是的道德制高點，無視對方可能在關係、處境中既存的苦難與義務。而且有沒有覺得似曾相識？類似這樣的話就是壓迫女性必須在職場、家庭中做出抉擇的兇手。

我當然明白沒有必要將自己的人生標準與別人比較，每個人有自己的優先順序，每個人有自己專屬的擔子；自己的年度目標有沒做到，這自己最明瞭。試圖將所有人放在同一「標準」，這是對自己、對他人最典型的壓迫。

我有自虐傾向，我很小的時候就知道。

我當然看得出不斷地被試探到底還有多低的底線。好強的我，總覺得接受挑戰是我一直以來的宿命，特別是為弱勢發聲、為人權努力這些事，讓我沒有理由逃避，只能繼續接手往下走。

「可是為什麼我並不開心？」我心底有個聲音一直對我這麼說。

線的範圍究竟在哪裡？偏偏在曾經是「師生」這種特別權力關係，幾乎無法溝通。只能按照著上面給的指示行事，導致我們都不知道為什麼要這麼急、為什麼要這麼做。

一旦接受這麼做，底線的範圍又再被拉低了。真實的感受沒有被聽見，自己原本承諾別人的時間、工作，都要拿來被共用。

對別人來說也許是嘗到甜頭，但對被拉低底線的人來說，這是苦頭。

「我知道這個決定對你／妳最好，所以你／妳照著做就好」的思維又稱為父權主義。父權主義的英文是「Paternalism」，其中的「Paternal（父親的）」與英文的Father是同一個語源，這個單字常用來批評身為一家經濟來源，企圖一手掌控無法自力更生的妻子與小孩的父親。

將「照做就好」偷渡換成「我知道這個決定對你／妳最好」的說法，甚至更簡單「這是為你／妳好」，正是思維勒索，成為壓迫人際關係的窒息空間，誰受得了？

我知道我並不開心，我很坦白說。縱使達成了原先設定目的，甚至額外再飛來一筆成績，我的開心背後藏著不甘心被利用的心理。

這絕對不是正常幫助者的狀態。可是面對特別權力關係，我能怎麼辦？既然不想被認為就是「卡關」的弱者，好勝心強的我，願意接受挑戰，繼續往下走。
為弱勢發聲、為人權努力。

十四、同舟共濟變孤軍奮戰

接續前章節事件……

由於我們在印尼的第三天，我及我們集團的總院長必須到正籌備印尼雅加達的醫院簽約、開會、拜訪相關單位的最高層，有重要任務在身，無法出席當天在雅加達舉辦的關心身心障礙者的園遊會。

當晚與大官老師約好在一間大型購物中心內的高級餐廳見面用餐，然而現場有位我未曾見過面的高挑女性。當我上前握手致意，驚覺對方居然會說流利的中文，而且沒有口音。大官老師分享這一天非常開心以民間組織專家身分見到印尼社會福利部部長以及海外移工安置暨保護局局長，台灣／印尼身心障礙者／輔具技術發展與捐贈計畫讓當地媒體相當有興趣，意外發現一位電視台主播是印尼台灣混血兒，大學以前是住在台灣，為了見到即將上任大官的大官老師，親自到園遊會現場採訪。

就是我眼前的這位高挑女生。

據高級餐廳的服務生驚訝表示，這位是印尼當地非常知名的電視台主播，我們非常榮幸可以一同用餐。主播表達自己身為印尼台灣混血兒，又有機會在媒體工作，總覺得可以為台灣、印尼雙方做些什麼事。接獲台灣外交部的通知大官老師這趟印尼行，覺得非常有意義。民間產業界這次製造印尼台灣官方接觸的機會，讓台灣與新南向國家有機會以政府對政府的接觸，融入東南亞的國際社群、交朋友，才不會在外交上處處被打壓。

很有意義的一趟印尼行，雖然我身心疲累。

回到台灣，大官老師即將上任由總統提名的職位。深覺得新南向政策有必要透過民間組織繼續做，才會遍地開花、分享台灣的醫療政策、經驗，促進新南向國內經濟往來、外交合作，讓台灣與更多新南向國家有機會進一步交流。

遂迅速成立一民間組織，當中有許多中央及地方民意代表也在會員其中。民意代表可藉此民間組織專家身分與新南向國家／官員交流，突破外交困境，畢竟人總要坐下來談，才有機會認識、談下一步。

由於該民間組織並無任何資金補助，加上組織內成員多為中央及地方民意代表及專家學者，公眾事務繁瑣，故所有組織成員決議推舉我及一位與我年紀相仿的學者（以下稱「公雞學者」）擔任兼職的組織工作人員，不斷鼓勵這是一個很好的機會，為國家服務。

所謂的兼職，就是不支薪（因為該組織並沒有經費）。

依組織章程，每個月皆需舉辦至少一次研討會（台灣各縣／市巡迴），藉此讓「新南向」的第一線產業界與各地官方與民意代表交流，集結記錄、影響政策。每個月亦需舉行例行會議，討論國際局勢、追蹤各場研討會的進度、發布新聞稿。

由於組織內成員多為中央及地方民意代表，例行會議固定在立法院區南側／緊鄰濟南路側門的「立法院康園餐廳」，方便委員、議員們就近出席會議，順便用餐，避免媒體朋友打擾。

餐廳訂位、安排菜色、準備會議資料、現場會議記錄、研討會行政庶務、邀請國內／外專家來賓、交通安排／代墊費用、預訂飯店／代墊費用、擬計畫書、新聞發布、年度報稅、組織異動……等瑣事，幾乎是落到我這位兼職的組織工作人員，因為公雞學者表示學校工作繁忙，分身乏術。

幾乎每一次的組織會議，我都是最早出現在立法院康園餐廳，因我要小心翼翼地確認資料、設備是否備妥。第二位到場常常是便當委員，因便當委員身為南部某選區立法委員，總是晚上七點需提前離席搭高鐵回南部與家人相聚，隔天早上六點送社區的長輩們搭觀光巴士去旅行，順便關心選民、傾聽在地聲音。

往往就在那個時候，我跟便當委員獨處了十多分鐘，聊聊時事、聊聊生活瑣事。便當委員明白組織並沒有經費，每個月例行會議的餐費常常是我代墊，便當委員好幾次偷塞錢給我，表示希望幫忙支付。

我確定便當委員不是用開會期間膳費等公務費用支付，因為根本沒有報帳。

每個月的研討會、例行會議，就這麼照常舉行。

然而我們生醫集團的創辦人總院長自己身為醫師，不幸Fluoroquinolone類抗生素（氟喹諾酮系，FQ）嚴重不良反應（藥害），必須住院持續觀察，諸多媒體深度專題報導此事，引起衛生福利部的藥物政策被高度關注。

我們許多集團內品牌／店家工作仍需持續運作，重擔理所當然落在我身上，原本就已經疲憊不堪的我，也只好默默承受。

隔一個月將要在台中舉辦的研討會，原本在年初已敲定由公雞學者擔任主持人，突然告知無法出席，請我趕緊找人或建議由我親自主持。

禍不單行，同樣年初已敲定的研討會外籍來賓，菲律賓病友團體發言人，表示非常抱歉無法來到台灣，請我另行處理。

可是來回機票、飯店早已預訂妥，取消預訂也需要手續，還有手續費問題。更可怕的是，現在如何臨時找人報告該場研討會的主題？台中這場研討會的海報等宣傳早已出去。

緊急危機處理，回報給大官老師。大官老師勃然大怒斥責我居然搞成這個樣子！成事不足，敗事有餘！訓令我自己想辦法，要嘛就按原先議程由公雞學者擔任主持人、菲律賓病友團體發言人擔任外籍來賓報告該場主題；要嘛就自己上場，自己搞砸的事情自己擔！

我確定該場次的研討會，無法出席。因早已敲定當天要到高雄緊急處理我們店家事，攸關眾多同仁／家庭的生計，超級緊急；順道探望藥害後在高雄療養的總院長，請求指示接下來營運事。何況我在年初早已敲定所有主持人及專家來賓，皆承諾並記下時間，以利海報製作宣傳，哪有這樣臨時出爾反爾？就是確定後才訂來回機票、飯店，更何況費用是我個人支付，不然我們這組織哪來的經費？

「成事不足，敗事有餘！」這樣的形容，對我非常不公平，我非常非常不服氣。

大官老師後來發現這次我真的動了怒氣，但沒人做事只會讓事情／活動變得更無法收拾，非常客氣地在Line中再約我到台北光點喝杯咖啡聊聊。

光點台北，同樣咖啡廳位子。

大官老師：「我們這趟印尼行，不覺得非常有意義？見到印尼社會福利部部長以及海外移工安置暨保護局局長，台灣捐贈輔具給印尼身心障礙者，這事還接受印尼JAWA商業電視台訪談，表示惠中能夠為台灣做更多事。」

我：「我沒有見到印尼的官員，我只是牽線人。」

大官老師：「嗯！那麼……，台中這場研討會還是需要惠中這樣的『牽線人』，這場『國際醫療暨病人人權研討會』就是專為惠中打造的法律、公共衛生領域，惠中應該趁機會多曝光，這是種榮譽。」

我：「老師，我一直是無薪義務幫忙欸；況且我個人不需要這樣曝光，我都是幫人抬轎，光環有沒有在我身上，對我根本不重要。」

大官老師：「你不可以這麼不負責將『原本』是你籌備的研討會工作擺爛不管！」

我：「老師，那你要不要叫同是組織成員的立法委員、議員們一起做事啊？我又沒拿組織的薪水。我自己有自己『原本』的工作，而且我光是一個月就要支付薪資『至少』新台幣一千萬元給員工，這還未計算海外的資金流動。每個月都要重複來一次煩惱營運資金，我若放任這麼多的同仁／家庭生計不管，達不到損益平衡，才是不負責任！加上我們總院長因藥害而住院觀察，我承認我是『廢物』，實在無能為力為台灣做更多事。」

空氣凝結了卅二秒，大官老師脫口說：「總之你要自己想辦法，傑出青年怎麼可以這麼差勁！非常不負責任！」拍桌直接走人。

台中這場研討會，後來我還是拜託中華民國身心障礙聯盟祕書長滕西華、醫療法律的大學長中央研究院學者吳全峰擔任報告者，事後有請二位吃頓飯，作為答謝。

該場研討會，我沒有出席；甚至之後每個月舉辦台灣各縣／市巡迴研討會，我也不處理，後來就停辦了。

我不做就沒有人要做？說好了一起為台灣努力？可惜……

職場碎碎念：輕諾必寡信，多易必多難

如果國家現在就需要你／妳的幫忙，你／妳能為國家、社會貢獻什麼？

「我們必須意識到要對社會負起責任，每一分的努力都能讓世界鬆一口氣！」這是我在入圍第五十七屆十大傑出青年決選／兒童、性別及人權關懷類總決選，主辦單位請我繳交給年輕人勉勵的一段話。

「人權運動」從來不是一個人的功勞（沒有人可自居是英雄／英雌；若有就是造神）；二來功勳往往不是攻下一座城，而是打落一塊磚、改變了一個人，這樣看似微不足道的小事。甚至促成無緣或不可能的兩個人會面，也許只是一張機票，卻是國家發展／國際合作最難突破的距離。台灣一直是全球守護人權的前段班，雖然我們（現在）用不到，但是別人卻是非常緊急需要！我期許自己：「要替不能說話的人發言，維護孤苦無助者的權益。要替她／他們辯護，按正義判斷她／他們，為窮困缺乏的人伸冤。」（箴言卅一：八－九）人權就是成全別人的事！我有沒有被

看見，不重要；但願我所關心的人／議題，被看見。

「為弱勢發聲、為人權努力。」似乎變成了我的緊箍咒，甚至是被人控訴的理由。

這絕對不是正常幫助者的狀態，所以我並不開心，我很坦白說。

老子：「輕諾必寡信，多易必多難。」那些輕易發出的諾言，必定很少有能夠兌現的；把事情看得太容易，做起來往往會遭受很多的困難。不論做什麼事情，都不可以輕易許諾，一旦許諾了就要認真去做，千萬不能失信於人。

承諾過的事，出爾反爾，這不是成熟人的做人處事。輕諾寡信的人，能夠承擔什麼大事？

一個人輕易承諾，隨口說說，這種承諾的本身就是缺少信用，言而無信的輕薄之徒。

半年前敲定的行程，可以說不要就不要？該挪行程的應該是後面安排的事，這是在職場上、人際關係上非常起碼的認知；不然下次誰敢找你／妳一起做事？收拾爛攤子而已。

重視契約的英美法系國家有一很重要的法律概念：「禁止反言原則」（estoppel、equitable estoppel、衡平法上的不容否認），基本內涵就是「My word is my bond.」言行一致，不得出爾反爾，意即「說話算話」。

出爾反爾，讓原本已經確定的法律關係又產生變動，懸於不確定，我們在職場上、人際關係上，最怕就是「不確定」。事情「不確定」、身分「不確定」，表示並未完成，一切處於曖昧，尚未塵埃落定。

「曖昧」一點也不美，特別是在工作場合，持續懸於不確定會讓人抓狂。出爾反爾的人，不值得信任，給再大的舞台都嫌浪費，因為不知道這個人到最後一秒鐘會不會履行承諾上台，讓人捏把冷汗。

若隨時要有收拾爛攤子的準備，那還不如一開始就自己上場，省得麻煩。

當別人告訴你／妳：「倒楣事的機率微乎其微。」但事實證明，往往讓你／妳遇到，屢試不爽。特別是自己有預感卻還不留意預防，倒楣事就會讓自己遇上，屢試不爽。

台中這場研討會被人臨時放鴿子，要如何預防？「成事不足，敗事有餘！」這樣的形容，對我非常不公平，讓人非常不爽。

縱使這麼臨時放人鴿子，也應該有「羞恥心」幫忙找人代替，這是給人留下最後讓人殘存的基本禮儀。偏偏這麼一走了之，爛攤子誰來收拾？

最讓我心寒的，也是讓我決定不想再跟「這個人」有任何往來，原因是我清楚表達沒拿組織任何一毛錢（便當委員偷塞錢贊助餐費不能算）且我自己有自己原本的工作，加上我們總院長（大官老師也認識）因藥害而住院觀察，所以所有擔子落在我頭上，早已分身乏術。

大官老師的反應卻沒有一絲絲憐憫，不在乎我的同仁／家庭是否工作持續穩定、戲謔稱總院長大驚小怪，休息幾天就沒事。若可以休息幾天就沒事，為何有諸多媒體深度專題報導？甚至影響衛生福利部的藥物政策被高度關注、抗生素使用指引修正供醫師參考？

非常可怕的是，大官老師居然沒有這樣的心理情緒：沒有羞愧感、沒有同理心，明顯不願意去瞭解一個人正受的苦難，刻意忽略別人所遭遇的嚴重性、高舉自己的重要性。

說好了「一起」為台灣努力，怎麼會是民間組織每個月的研討會、例行會議，我不做就沒有人要接續？這是說好了「一起」為台灣努力？壓榨廉價勞工而已。

更正，連廉價勞工都不是，沒有支薪。

「人權」所關乎的就是「人」，不是「事」。這樣對待人的方式，與我的頻率迥異，還不如離開。

我承認這段日子以來，我的不開心源自於逞強。我若也垮了，旗下所有品牌同仁／家庭該怎麼辦？這不就是企業的社會責任？這不就是我心心念念在意的「人權」？

直視我們眼前的惡意，需要勇氣，特別是面對特別權力關係。

諧星是否可以無上限的被嘲笑？而不可以認為這就是惡意，因為這是諧星的宿命。

傑出青年是否必須要無限上綱燃燒自己？而不可以認為這是刁難，因為這是傑出青年的宿命。

我參與人權／社會運動，持續為弱勢族群發聲，代表國家做過一些事；但我承認自己也是「廢物」，我實在無能為力時時刻刻具備戰鬥力為台灣做更多事。

承認自己的弱點，我突然覺得，自由了。

十五、政壇之路該不該碰？

接續前章節事件……

二〇一九年某一天晚上，便當委員突然打電話給我，轉達我在內政部的長官，後來擔任某「五權分立」的院長，二度試探詢問我有無意願立法委員職，我表示興致缺缺，因為事業組織日漸龐大。

便當委員：「可是院長蠻看好你，我也這麼覺得你做事蠻細心。每次我們開會都會提早準備，對於公共政策也常保持關心，形象很不錯，目前也未有任何負面新聞，我們查過沒有緋聞、沒有奇怪照片，這很加分。」

我：「不要啦，找別人啦！比我優秀的人這麼多，另請高明啊！」

便當委員：「我們有廣獵人才，跟你年紀相仿的『公雞學者』（化名）也是我們徵詢的對象，重點是你們要有意願才能有下一步啊！對了，原來佳青是惠中的直屬學姐啊，果然都是『鷹派』，國家就是需要這樣的戰鬥生力軍，佳青也很推薦惠中。」

我：「其實宛芬也是直屬學姐，感謝院長、感謝便當委員、感謝學姐的肯定跟看見啊；但真的不行啊，我不能放下這麼多的同仁／家庭生計不管啊！」

便當委員：「這週找個時間見個面，詳細見面說，確實好久不見了。提醒無論如何，告誡惠中未來絕對不能有負面新聞，你是一步活棋。」

我：「好，可是我沒有意願立法委員職喔，先跟便當委員表明喔。」

私下問公雞學者，確實也被徵詢是否有意願立法委員職。公雞學者表示非常有興趣，覺得這是很好為國家服務的機會，願意為某黨徵召參選區域立法委員。

徵召消息一出後幾天，新聞就爆出公雞學者過去的荒唐史，甚至被翻出不堪的訴訟判決書，所幸新聞沒有太大；但我已隱隱約約嗅到是某黨人所為，因為一定有人想參選，黨內派系爭相出頭，怎能讓外界的人空降？

更讓我確信當初的決定，我有我的政治判斷力。

某黨迅速將公雞學者撤換放生，政治果然現實。便當委員又來詢問我了，因為我的戶籍就是在該選區，歷來都是艱困的選區。我非常清楚知道，總要有人參戰當炮灰。樂觀來看，就是累積版面、爭取話語權，接下來看如何造化，這沒人能說得準，又不是算命仙。

「我完全沒有任何意願立法委員職。」後來每次被詢問，我都是這麼堅定說。

又隔沒幾天，夜間新聞就頭條公雞學者被另一個黨徵召參選區域立法委員的消息，公雞學者受訪時非常有信心參選到底。

當下看到新聞，我馬上傳送Line訊息給公雞學者：「任重道遠，祝福你的未來道路平安、保重身體健康。」

沒多久，某黨確定在該選區推派跟我一樣的政治素人，形象非常好。反正總要有人參戰當炮灰，素人就是一步活棋，先累積聲量。

其他黨也確定在該選區推派人選（居然是過去常幫我剝蝦的友人），才開始成型，就廝殺慘烈，刀刀見骨。

我以為已經沒我的事了，逃過一劫，隔山觀虎鬥。

我在內政部的長官，某「五權分立」的院長親自打電話給我，表明要「約談」我。

院長：「惠中到底是卡在哪裡？明明就形象良好，完全沒有任何負面新聞，這樣的人不為國家做點事，根本就是浪費人才。」

我：「因為……，我擔心過去的感情史被翻出來，這是我非常困擾的事。」

院長：「唉呀！是我知道的那件事？誰沒有過去啊！沒有到違法的程度，感情史是私事，我們台灣媒體的素質還知道分寸。」

我：「（媒體最好知道分寸）謝謝院長提拔啊，這種事要認真。我答應做到的事不敢隨便應付，這院長應該感覺得到。」

院長：「好吧！你的形象端莊蠻適合擔任發言人，做事嚴謹不輕浮，那麼就來擔任發言人吧。發言人的工作可以兼顧你原本的工作，這是現階段對你最好的方式，就先去訓練發言人的工作吧，我推薦回報給某黨，就這樣說好了。」

天啊！我並沒有說「好」啊！

各地各黨派推出人選逐漸明朗，選舉氣氛越來越熱。我偷偷地去接受發言人的工作訓練，講師一開始就問我欣賞或想要成為哪一位發言人的形象，這會是之後訓練的方向。我完全不用考慮回答：「主播蔡沁瑜。」

講師表示這對我難度有點高，因為覺得我說話只有「文字感」沒有「畫面感」，請我再增列其他學習對象，我不假思索回答：「就是主播蔡沁瑜！」

「那麼惠中要認真練習『說故事』的能力。」講師建議說。

由於主播蔡沁瑜本來就是媒體好朋友，私下會聊各自的感情史（我跟獅子座女生特別有話聊）。我告訴沁瑜正在受某黨的發言人訓練，表明沁瑜是我的模仿對象，並請教說話如何有「畫面感」。

沁瑜：「惠中，你好端端去當發言人幹嘛啦？」

我：「唉呀，說來話長，快教我！」

不知是賣關子還是心機重，隔日就看到鴻海創辦人董事長郭台銘有意參選總統候選人，蔡沁瑜居然就是郭台銘的發言人！最經典的畫面是郭台銘退出國民黨，發言人蔡沁瑜在媒體前透露郭台銘無黨一身輕，一個字、一個字清楚說出：「請國民黨不要跪求情人回頭，不要再『勾勾纏』（台語：糾纏不休）！」

天啊！這太強了！每一句話都帶有攻擊性但又恰到好處！超級有「畫面感」！不僅堵住媒體記者繼續追問，又能明白帶出個人情緒、將老闆的立場清楚表達給需要聽到的對方，太厲害了！果然是我首選的模仿對象！

人生就是許多「意外之外」，後來沁瑜被郭台銘推出去親民黨列立法委員選舉不分區名單第九順位；常義氣相挺的中華民國身心障礙聯盟祕書長滕西華列不分區名單第一順位！

各地各黨派推出人選更加明朗，選舉氣氛火熱到爆炸。我的戶籍選區，再小的事都能成為新聞，到處都可見媒體記者穿梭，非常誇張。

我因訓練斷斷續續（其實是刻意，畢竟我並沒有說「好」）、猶豫太久，時間不等人，後由一律師學妹接棒某黨的發言人。學妹的先生是香港人，後來竟因擔任發言人的身分無法入境香港，真是荒唐到極點！基本的人道考量就這麼被拆散，究竟是犯了什麼彌天大罪？

說來慶幸，香港是我每年都會去的地方，我應該還能入境香港……吧。

隨著總統大選、立法委員選舉塵埃落定，周遭許多友人、同學、學長／姐／弟／妹順利當選，一切又歸於平靜。原來這一年我及周遭各位發生這麼多事，真是特別有事的一年！

百感交集，我像是劫後餘生被放生。

隨後中國湖北省武漢市發生嚴重特殊傳染性肺炎（新冠肺炎），又打亂我們所有生活，搞得所有人草木皆兵！

順利連任立法委員的便當委員，某天又突然打電話給我，表示大官老師即將卸任，想要跟我確認一些事，請我務必據實以報。

沒多久，就在媒體上看到大官老師的重大違法失職事被調查，這是歷來該單位首位被檢察官調查的官員。

既然司法正進行偵查，我們不便評論。

二〇二〇年八月，一位非常照顧我的學姐葉大華，獲任監察委員／國家人權委員會委員，持續為弱勢發聲，為國家／社會做更多正義事！

該屆監察委員中，有我進入職場的第一位主管：王幼玲；紀惠容監察委員也是人權運動一直以來的前輩，也是教會姐妹，在她們身上，我學到了很多。

某一次聚餐結束，搭乘捷運。學姐葉大華突然嚴厲地問起我大官老師的事，知道我過去幾年跟他走得很近，監察院正對大官老師進行調查。

天啊！人真的不能做壞事！世界真的有夠小，哪裡都會相拄會著！

職場碎碎念：不在高處的人也該受到尊重

有沒有在路上巧遇同事的經驗？

有沒有在路上被人認出來，自己還反應不過來的經驗？

想起來非常誇張，幾乎每一次在香港赤鱲角機場轉機時，巧遇好久不見的老同學、友人。我們剛好就在香港機場等待下一班機，短暫停留後各自下一趟旅行；也不只一次從第三地來到香港機場，巧遇友人還有仇人，共同都是搭同一班機回台灣。

人生就是這麼奇幻旅程，簡而言之就是「緣分」。不管是良緣或是孽緣，人生旅途遇到了就是「緣分」。一次又一次印證，「對所有人謙虛，是種安全。」這段話讓我深刻在心版上，特別是曾經掠過政治圈，對所有人保持友善，是種安全。

會不會再度踏入政治圈？我不敢說死，連我自己都不敢保證，誰又能篤定未來的局勢？世界末日是何時，我們沒人說得準。

我們從來無法得知面對的這一個人，可能就是決定我們未來的「那一個人」，而且可能就是透露我們曾經做過見不得光的「那一個人」。縱使「這一個人」地位懸殊到不需要放在眼裡，根本就不起眼、不重要，甚至連名字都不需要瞭解的人，可能就是我們的「貴人」，也可能是「敵人」。

世界真的很小，往往相拄會著。人一生就像走夜路，誰也說不準會撞見什麼人、遇上什麼麻煩事，就怕自己在暗處做了虧心事、欺負無辜。依照因果關係，多年後若有點反省能力，才會驚覺阻礙我們往上爬的「那一個人」，其實就是自己曾經待人處事不夠謙虛，造成夜路走多了害怕遇見人還是神。

我們若有神引領走過人生道路，這是極大福分！奇異恩典！我們若有貴人引領走過夜路，這是何等榮幸！不必走冤枉路。偏偏人以為神只走在明處、貴人只位居在高處。不知不覺得罪了神；糊里糊塗冒犯了貴人。這是無心之過，還是有心操作？天堂、地獄相距不遠，也會相拄會著。

我們以為自己身處在高處，閃亮亮被鎂光燈探照；殊不知更該愛惜羽毛，對所有人謙虛，特別是地位懸殊到遠到海邊的「那一個人」。「那一個人」，往往就是我們根本不放在眼裡的路人。「那一個人」看著你／妳的一舉一動，因為你／妳就在明亮處。

也不是什麼事後諸葛，我從學生時認識大官老師，就有預感這個人一定會出事，待何時爆開而已。因為我就是在暗處毫不起眼的人，但終究我還是個有眼睛的人。

一個人極力往上爬、爭取大官大位，確實是光宗耀祖、成就個人歷來的努力，更重要的是為社會／國家服務，為人民謀發聲、謀福利。努力有了結果，往往不是一個人能夠成就。

水可載舟亦可覆舟，據我得知大官老師經總統提名、立法院行使同意權後任命的職位，就是便當委員推舉予總統。所以縱使大官老師後上任大官，仍處處禮遇便當委員。甚至便當委員在某幾次公開發言明顯失當，大官老師在飯局中仍肯定就是該這麼講，某種程度就是護航。

可是，倫理不是應該高於法律之上？因為這個人推舉你擔任大官，就該捨棄社會好不容易建立的理念、棄守自己原有的價值觀？明明大官老師就在便當委員之上。

「勇於勸諫」似乎在政黨政治的體制之下，我們指摘推薦我們的貴人，會被認為是恩將仇報、過河拆橋，更是一種「造反」！這就是我無法真正踏入政治圈，最主要顧慮的理由。依照我的個性，若看到問題無法誠實說，還不如在媒體中寫寫文章、在電視台／廣播電台發聲，比較自由。

過去我們每個月在「立法院康園餐廳」舉行例行會議，最主要考量便當委員的方便性。也總是在例行會議前，我有機會跟便當委員獨處十多分鐘，並不是刻意。便當委員好幾次偷塞錢給我，也是看到我是承諾過就履行承諾「做事」的人，知道組織並沒有經費；但這不是正常組織該營運的方式。便當委員身為具民意基礎的區域立法委員，深知做人處事的眉眉角角，人要踏實、謹言慎行，若有一絲邪念、待人不善的動機，民意如水流，終有一天會被拆破曝光於媒體，特別是對方虎視眈眈這麼出手。

時時對所有人保持友善、對所有人謙虛，是種安全。我們為什麼要讓對方有機會出手？

「大官老師虛華的個性，愛攀附位高權重者又不特別留意在Line中或飯局中留下什麼國家機密，總有一天會出事。」便當委員感慨地說。

便當委員不是身在高位明亮處？原來便當委員也是在暗處觀察的人，原來暗處的人比我以為還要多！原來當我們在那一場印尼國慶慶祝酒會被安排坐在一起，台下一起用餐，聊聊我們的母親，就是在暗處。

人們以為貴人只位居在高處，不知不覺得罪了貴人；糊里糊塗冒犯了「做事」的人，這是無心之過，還是有心操作？

這是最高國家機密，稍不留意終將會出事。

不要忘了，再大的官，也是經某個人或人民的授權，才能夠坐上那個位子（極權國家例外）。當人有機會成為大官，更要小心翼翼如履薄冰善用本身可以利用的資源，造福人群。

當人之所以能夠努力就有回報，其實並不是個人努力的成果，而是拜環境所賜。當一個人若驕傲認為「努力就有回報」，這是因為一直以來所處的環境會給予你／妳鼓勵、推你／妳一把、助你／妳一臂之力，並對你／妳完成的結果給予肯定讚賞。

但世上有很多人，縱使是再多努力也得不到回報、想努力也努力不了，或是努力過了頭而弄壞身心，甚至喪失生命。我們一生的努力，請不要只用來讓自己往上爬。我們受到環境及天分的眷顧，請不要藉此貶低不受眷顧的人，而應該特別照顧、幫助這些在暗處毫不起眼的人。

不是在高處的人也應該原原本本地受到尊重。高處或低處，孰強孰弱，從不同角度來看，很難說。

既然我們還活在世上的一天，世界就是這麼小，哪裡都可能會遇到（搞不好在天堂、地獄也是會遇到，誰知道？）。縱使高處、低處這種相對的地理位置，誰敢保證永遠不會遇到？凡是人就是會走動，沒有人一輩子只待在最高處，也沒有人一輩子身處在最低處。我走下坡的時候會遇到妳；你走上坡的時候會遇見他。她走下坡的時候會遇到你；他走上坡的時候會遇見我。

地球是圓的，從東邊走到底，也會到西邊。走來走去，高處、低處兩地其實相距也不遠；總是會相拄會著，人生就是那麼奇妙。

夜路其實不可怕，可怕的是遇見誰。世面上語言簡練、通俗易懂的「勸世文」、「警世錄」非常多。不要攻擊身邊路過的人；夜路走多了遇見鬼還是神，還是人？你／妳為什麼要害怕呢？

VB00027

職場暗流：黑色潛規則

作　者—楊惠中
資深主編—謝鑫佑
校　對—謝鑫佑、吳如惠、楊惠中
行銷企劃—陳玟利
美術設計—陳文德

董事長—趙政岷
出版者—時報文化出版企業股份有限公司
一〇八〇一九臺北市和平西路三段二四〇號四樓
發行專線—（〇二）二三〇六六八四二
讀者服務專線—〇八〇〇二三一七〇五　（〇二）二三〇四七一〇三
讀者服務傳真—（〇二）二三〇四六八五八
郵撥—一九三四四七二四時報文化出版公司
信箱—一〇八九九臺北華江橋郵局第九九信箱

時報悅讀網—http://www.readingtimes.com.tw
文化線粉專—https://www.facebook.com/culturalcastle/
法律顧問—理律法律事務所　陳長文律師、李念祖律師
印刷—綋億印刷有限公司
初版一刷—二〇二二年三月四日
定價—新台幣三八〇元
（缺頁或破損的書，請寄回更換）

時報文化出版公司成立於一九七五年，
並於一九九九年股票上櫃公開發行，於二〇〇八年脫離中時集團非屬旺中，
以「尊重智慧與創意的文化事業」為信念。

職場暗流：黑色潛規則／楊惠中著. -- 初版. -- 臺北市：時報文化出版企業股份有限公司，2022.03
面；公分.
ISBN 978-957-13-9980-5（平裝）

1.CST: 職場成功法 2.CST: 生活指導

494.35　　111000743

ISBN 978-957-13-9980-5
Printed in Taiwan